常用工具软件

杨东 王汉勤⊙主编

U0229936

清华大学出版社

北京

内 容 简 介

  本书按照最新的"工作过程导向"编写模式，采用虚拟课堂的讲解形式，把工作环境和教学环境有机地结合在一起。本书讲解内容包括：系统优化工具，文件压缩工具，影音播放工具，图像浏览工具，录音录屏工具，图像捕捉工具，图像处理工具，文字动画制作工具，电子相册及幻灯片制作工具，格式转换工具，网页浏览工具，电子邮件工具，文件下载工具，网络聊天工具，网络搜索工具，杀毒工具，光盘刻录工具。

  本书适合作为中等职业学校计算机操作基础课教材，也适合作为相关行业的培训教材。

图书在版编目（CIP）数据

常用工具软件/杨东，王汉勤主编. --北京：清华大学出版社，2013

ISBN 978-7-302-33638-9

Ⅰ. ①常…　Ⅱ. ①杨…　②王…　Ⅲ. ①软件工具　Ⅳ. ①TP311.56

中国版本图书馆 CIP 数据核字（2013）第 197780 号

责任编辑：田在儒
封面设计：王丽萍
责任校对：刘　静
责任印制：王静怡

出版发行：清华大学出版社
    网　　　址：http://www.tup.com.cn，http://www.wqbook.com
    地　　　址：北京清华大学学研大厦 A 座　　　邮　　编：100084
    社 总 机：010-62770175　　　　　　　　　邮　　购：010-62786544
    投稿与读者服务：010-62776969，c-service@tup.tsinghua.edu.cn
    质 量 反 馈：010-62772015，zhiliang@tup.tsinghua.edu.cn
    课 件 下 载：http://www.tup.com.cn，010-62795764
印 刷 者：三河市君旺印装厂
装 订 者：三河市新茂装订有限公司
经　　销：全国新华书店
开　　本：185mm×260mm　　　印　张：12　　　字　　数：273 千字
版　　次：2013 年 9 月第 1 版　　　　　　　印　　次：2013 年 9 月第 1 次印刷
印　　数：1～2700
定　　价：24.00 元

产品编号：055870-01

前　言

为贯彻《中共中央国务院关于深化教育改革全面推进素质教育的决定》精神，全面落实《面向 21 世纪教育振兴行动计划》中提出的职业教育课程改革和教材建设规划，根据教育部《职业院校计算机应用和软件专业领域技能型紧缺人才培养培训指导方案》、《中等职业学校专业目录（2010 修订）》的要求，结合中等职业教育学校的学生现状及中等职业教育培养目标，坚持专业基础课教材与教学急需的专业教材并重，新编与修订相结合，我们组织编写了本教材，供广大中等职业学校学生使用。

本书编写过程中坚持职业能力为本位、以职业实践为主线，以提高学生的综合素质和职业能力为核心目标，注重了理论教学和技能操作相结合，突出了动手能力的培养，增强了教材的适用性。本书充分考虑了中等职业学生的特点，在内容的编写上，采用了项目式教学，每一堂课都从一个课堂任务展开，尽可能地去掉枯燥的理论知识讲解，精心筛选实例，使每个实例乃至每堂课的知识安排都尽可能地接近实际工作任务和实际工作流程。本书对于软件版本的选择原则是：针对不同软件，不盲目跟从最新版本，而是从最大用户群，最新发布版本和相对比较成熟的版本三个方面具体考虑，为读者挑选比较适宜的软件版本；对于兼有中英文版本的软件，采用中文版，以满足大多数初学者的需要。

本书适用于中等职业学校计算机网络技术专业、计算机应用技术、计算机软件与信息服务等专业，也可作为个人自学计算机相关技能的基础教材。

本书由历城职业中专杨东和王汉勤担任主编，李芳娟、徐玉芹、刘阳担任副主编。

本书在编写过程中得到了山东浪潮商用系统有限公司张俭、齐鲁安替制药有限公司崔维岳、福建星网锐捷网络有限公司宋成燕、谢遵明、神州数码(中国)有限公司尚建民、山东合力创新科技有限公司吕爱民、靳宪文、济南盈天伟业科技有限公司姚维洪、山大鲁能信息科技有限公司李祚强、段承业、山东省课程中心崔成志、山东大学张华忠、山东师范大学刘培玉、清华大学出版社田在儒、山东劳动职业技术学院薛延登、吴立军、济南市教研室兰俊宝等诸位企业界和高校专家教授的大力帮助和支持，在此表示衷心感谢。

由于时间仓促，编者水平有限，书中错误和不当之处，敬请广大读者批评指正。

编　者

2013 年 3 月

目　录

模块一　文件压缩与加密解密工具

本模块要点

- 使用 WinRAR 压缩文件
- 使用 PECompact 压缩*.exe 文件
- 使用 Image Optimizer 压缩图片
- 使用 LAME 图形界面压缩音频文件
- 分别使用"文件加密大师"和"高强度文件夹加密大师"加密文件和文件夹

项目一　文件压缩工具

任务一　使用 WinRAR 压缩、解压缩文件

任务说明

　　本任务主要学习使用 WinRAR 将文件压缩为*.rar 格式和自解压格式并分别对其进行解压,效果如图 1-1 所示。具体要求是将名为"图片"的文件夹压缩为*.rar 格式和自解压格式,然后对这两种格式的文件分别进行解压缩。

图　1-1

操作步骤

1. 压缩文件

（1）将名为"图片"的文件夹压缩为*.rar 格式的文件。

①选择并压缩文件。在名为"图片"的文件夹上右击,在弹出的快捷菜单中选择"添加到'图片.rar'"命令,如图 1-2 所示。　■本步中,压缩文件的作用有两种:一是为了节省文件所占的空间;二是若将文件从网上传送给其他人,可以节省传送时间。

②选择完成后,WinRAR 将自动创建压缩文件,如图 1-3 所示。完成后的效果如图 1-1 左图所示。

（2）将名为"图片"的文件夹压缩为自解压格式的文件。

①右击"图片"文件夹,在弹出的快捷菜单中选择"添加到压缩文件"命令,如图 1-4 所示。此时,将弹出"压缩文件名和参数"对话框,如图 1-5 所示。

② 在该对话框中选中"创建自解压格式文件"复选框，此时，在"压缩文件名"下面的文本框中，后缀名将自动变为.exe。 ■ 本步中，可单击图1-5中的 浏览 按钮，选择文件保存的路径；在"压缩文件名"下面的文本框中可输入文件名。

③ 设置完成后，单击 确定 按钮，即可进行压缩，压缩完成后的效果如图 1-6 所示。

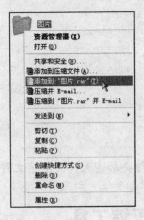

图 1-2   图 1-3

图 1-4   图 1-5

图 1-6

2．解压缩文件

（1）将"图片.rar"的压缩文件解压缩。

① 在"图片.rar"文件上右击，在弹出的快捷菜单中选择"解压文件"命令，将弹出如图1-7所示的对话框，然后在该对话框右侧树形列表中选择文件解压的路径。 ■ 本步中，将文件压缩后若要看到其中的内容，必须将其解压；若压缩文件是*.rar格式，则计算机上必须安装 WinRAR，才能将其解压。

② 选择完成后，单击 确定 按钮，即可解压文件。

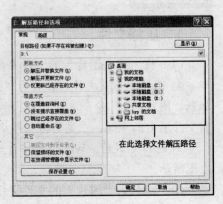

图 1-7

■ 本步中，也可在"图片.rar"文件上右击，在弹出的快捷菜单中选择"解压到当前文件夹"命令，直接将文件解压到与压缩文件相同的路径下，这时应注意，压缩文件所在的路径下不应出现与压缩文件相同名称的未压缩文件。

（2）解压名为"图片.exe"的文件。

① 在图 1-6 中双击"图片.exe"文件，弹出如图 1-8 所示的对话框，在该对话框单击 浏览 按钮，选择解压后文件所在的路径，也可在"目标文件夹"下面的文本框中输入解压后文件的路径。 ■ 本步中，"图片.exe"文件是自解压格式文件，该文件在没有安装 WinRAR 的计算机上也可以解压。

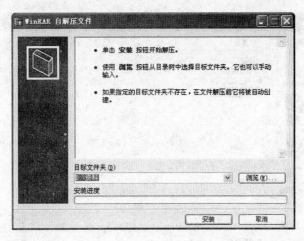

图 1-8

② 设置完成后，单击 安装 按钮，即可进行解压缩。

任务二 使用 PECompact 压缩文件

任务说明

本任务使用 PECompact 将占用空间较大的*.exe 文件进行压缩，压缩前后大小对照如图 1-9 所示。具体要求是将大小为 92KB 的*.exe 文件 SendMessage 压缩为 76KB。

图 1-9

操作步骤

① 启动 PECompact。执行"开始"→"程序"→"Bitsum Technologies PECompact2"→"PECompact2"→"PECompact2 GUI"命令，将其启动。

② 启动后将弹出 PECompact2 的主界面,在该界面中单击 浏览文件 按钮,将弹出如图 1-10 所示的对话框，在该对话框中选择要进行压缩的可执行文件，然后单击 打开 按钮,将其添加到 PECompact v2 GUI 的窗口中,如图 1-11 所示。 ■ 本步中，在 PECompact v2 GUI 的窗口中列出了要压缩文件的文件名、压缩前大小和所在路径。

图 1-10

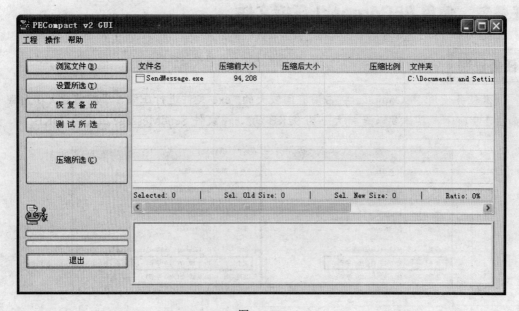

图 1-11

4

③ 在图 1-11 中，将导入的文件选中，然后单击 测试所选 按钮，测试所选文件是否能够正常运行，测试完毕后关闭测试的文件，弹出如图 1-12 所示的对话框。在该对话框中，若所测试的文件能够正常运行，则单击 是 按钮；若文件不能正常运行，则单击 否 按钮。

图　1-12

④ 在图 1-11 中，单击 压缩所选 按钮，将压缩所选的文件。压缩完成后，在 PECompact v2 GUI 的窗口中将显示压缩后大小和压缩比例，如图 1-13 所示。

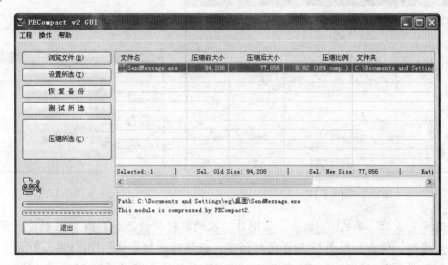

图　1-13

任务三　使用 Image Optimizer 压缩图片文件

任务说明

本任务使用 Image Optimizer 对较大的图片文件进行压缩，压缩前后大小对照如图 1-14 所示。具体要求是将大小为 2.12MB 的图片压缩为 791KB。

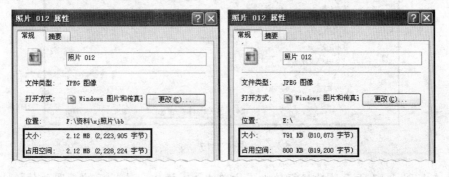

图　1-14

操作步骤

① 启动 Image Optimizer。执行"开始"→"程序"→"Image Optimizer"→"Image Optimizer"命令，将其启动。

② 在其主界面工具栏中单击 🖼批处理 按钮，将弹出如图 1-15 所示的对话框。在该对话框中单击 添加文件 按钮，弹出图 1-16 所示的对话框，在该对话框中选择要进行压缩的图片。 ■ 本步中，若要批量压缩图片，则单击 添加文件夹 按钮，即可添加文件夹中的所有图片。

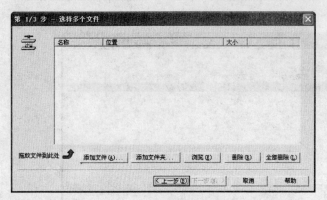

图 1-15   图 1-16

③ 选择完成后，单击 打开 按钮，该图片所在的路径将被添加到图 1-15 的空白区域中。单击 下一步 按钮，弹出如图 1-17 所示的对话框，在该对话框中将"JPEG 品质"设置为 90、"魔法压缩"设置为 100%。 ■ 本步中，"JPEG 品质"不能设置为 100，否则图片压缩后与原来大小相同。

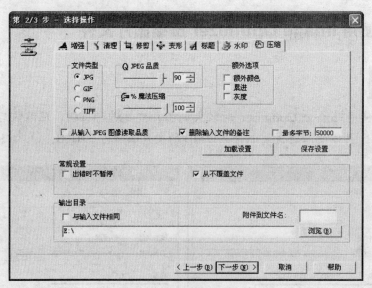

图 1-17

④ 在如图 1-17 所示的对话框的右下方单击 浏览 按钮，选择压缩后图片的输出路径。

■ 本步中，选中"与输入文件相同"复选框，然后在"附件到文件名"后面输入任何字符（如"1"），则压缩后的文件与原文件在同一目录下并以"原文件名+附件到文件名中的字符"命名。例如，原文件名是"照片012"，"附件到文件名"后面输入1，则压缩后文件的名称为"照片0121"。

⑤ 设置完成后单击 下一步 按钮，弹出如图 1-18 所示的对话框，在该对话框中单击 压缩 按钮，即可压缩图片。

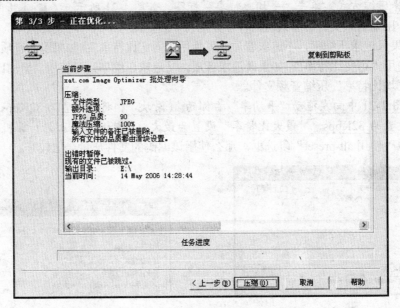

图　1-18

任务四　使用 LAME 图形界面压缩音频文件

任务说明

．　本任务使用"LAME 图形界面"将较大的*.mp3 音频文件压缩，压缩前后大小对比如图 1-19 所示。具体要求是将大小为将 2.32MB *.mp3 格式的文件压缩为 679KB。

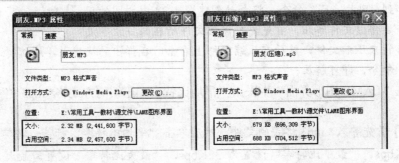

图　1-19

7

操作步骤

① 添加音频文件。在"LAME 图形界面"中单击"选择输入文件"下面的 📂（选择输入文件）按钮，弹出如图 1-20 所示的对话框，在对话框中选择音频文件，然后单击 [打开] 按钮，该文件所在的路径将被添加到"LAME 图形界面"中的"选择输入文件"下面。 ■ 本步中，"LAME 图形界面"只支持*.mp3 和*.wav 两种格式的音频文件。

② 选择压缩方式。单击"平均比特率"标签，如图 1-21 所示。 ■ 本步中，"LAME 图形界面"压缩音频文件的方式有三种，分别为"固定比特率"、"可变比特率"和"平均比特率"。如果只追求压缩率，不追求音质，可使用"固定比特率"；如果追求音质，不追求压缩率，可使用"可变比特率"；如果既追求音质，又追求压缩率，可使用"平均比特率"。建议使用"平均比特率"压缩音频文件。

③ 在图 1-21 中向左拖动"平均率"右侧的 ▭（滑块），将其设置为 32Kbps、将"最小比特率"设置为 32Kbps、"最大比特率"设置为最大。 ■ 本步中，若计算机的配置比较好，可选中"使用 alt-preset"复选框，那么使用该编码的文件质量会比较好。

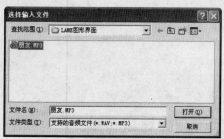

图 1-20

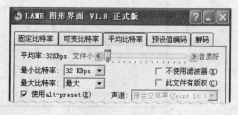

图 1-21

④ 单击"选择输出文件"下面的 📂按钮，选择音频文件压缩后输出的路径，然后单击 [开始编码] 按钮，即可进行压缩。

课堂练习

（1）将名为"照片"的文件夹压缩为*.rar 格式并将其解压，效果如图 1-22 所示。

图 1-22

【提示】在"照片"的文件夹上右击，在弹出的快捷菜单中选择"添加到'照片.rar'"命令，将自动创建图 1-22 中左图的压缩文件；若要将该文件解压，首先要确保该文件所在的目录下没有与其同名的未压缩文件，然后在压缩文件上右击，在弹出的快捷菜单中选择"解压到当前文件夹"命令，即可解压。

（2）在"LAME 图形界面"中采用"平均比特率"压缩的方式将*.mp3 格式的音频文件压缩。

【提示】首先导入*.mp3 格式的文件，然后单击"平均比特率"标签，将其"平均率"设置为 40Kbps、"最小比特率"设置为 32Kbps、"最大比特率"设置为最大，选择输出路径后单击 [开始编码] 按钮即可。

知识拓展

　　有时从网上下载的压缩文件带有密码，这种压缩文件该如何创建呢？下面讲解其创建方法。

　　如何创建带有密码的压缩文件？

　　下面以压缩"图片"文件为例，讲解在压缩文件时，如何创建密码。

　　① 右击名为"图片"的文件，在弹出的快捷菜单中选择"添加到压缩文件"命令，然后在弹出的对话框中单击"高级"标签，如图 1-23 所示。

　　② 在"高级"选项卡中单击 设置密码 按钮，弹出"带密码压缩"对话框，如图 1-24 所示。在该对话框中输入密码，然后再次输入密码以确认。

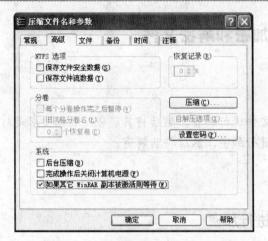
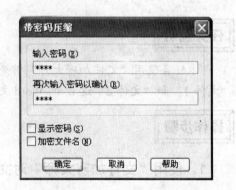

图　1-23　　　　　　　　　　　　　　　　图　1-24

　　③ 设置完成后，单击 确定 按钮，返回到如图 1-23 所示的对话框，在该对话框中单击 确定 按钮，即可创建带有密码的压缩文件。

课后练习

1．填空题

　　（1）在 Image Optimizer 中，若要批量压缩图片，则单击＿＿＿＿＿按钮，即可添加文件夹下的所有图片。

　　（2）在"LAME 图形界面"中，如果既追求音质，又追求压缩率，则可使用"＿＿＿＿＿比特率"。

2．选择题

　　（1）自解压格式文件的扩展名是＿＿＿＿＿。

　　　　A．*.rar　　　　　　B．*.zip　　　　　　C．*.exe　　　　　　D．*.*

（2）自解压格式文件在没有安装 WinRAR 的计算机上_____解压。

    A．不可以   B．可以

3．操作题

（1）将名为"音乐"的文件压缩为自解压格式文件。

（2）将一个较大的*.exe 文件进行压缩。

（3）将占用空间较大的音频文件进行压缩。

项目二　加密解密工具

任务一　使用"文件加密大师"加密和解密文件

任务说明

    本任务使用"文件加密大师"首先给文件进行加密，然后将其解密。具体要求是对"文件1"和"文件2"这2个 Word 文档进行加密，然后将其解密。

操作步骤

1．使用"文件加密大师"对文件进行加密

    ① 在"文件加密大师"中单击 （添加文件）按钮，弹出如图 2-1 所示的对话框，在该对话框中选择需进行加密的文件。 ■ 本步中，可以添加单个文件，也可以添加多个文件。

    ② 选择完成后，单击 打开 按钮，将文件添加到"文件加密大师"中，如图 2-2 所示。

图　2-1

图　2-2

③ 在界面右侧的"加密"选项卡中输入密码并再次输入以确认，如图 2-3 所示。

④ 输入完成后，单击界面右下角的〔加密〕按钮，即可对文件进行加密，加密成功后将显示提示信息，如图 2-4 所示。

图 2-3　　　　　　　　　　　　　　　　　　图 2-4

2. 在"文件加密大师"中对加密的文件进行解密

① 在界面右侧单击"解密"标签，在该选项卡的"解密密码"文本框中输入密码，如图 2-5 所示。

② 输入密码后，单击界面右下角的〔解密〕按钮，即可对文件进行解密。

图 2-5

任务二　使用"高强度文件夹加密大师"加密和解密文件夹

任务说明

本任务使用"高强度文件夹加密大师"对文件夹进行加密，然后对其进行解密。具体要求是使用"本机加密"的方式对"My Pictures"文件夹进行加密并改变加密后文件夹的图标，然后使用"完全解密"的方式将其解密。

操作步骤

1. 使用"高强度文件夹加密大师"对文件夹进行加密

① 启动"高强度文件夹加密大师"后，在其界面上单击〔加密文件夹〕按钮，弹出如图 2-6 所示的对话框，在该对话框中选择需加密的文件夹。　■ 本步中，也可在要加密的文件夹上右击，在弹出的快捷菜单中选择"高强度加密"命令，如图 2-7 所示。

② 选择完成后在图 2-6 中单击〔确定〕按钮，弹出"文件夹加密"对话框，在该对话框中输入密码并重新输入以确认，然后选择"本机加密"单选按钮，接着单击"设置图标"选项，并在其右侧面板中单击"使用个性图标"单选按钮，在下面选择文件夹加密后的图标，如图 2-8 所示。　■ 本步中，"移动加密"单选按钮既可以在本机上使用，也可以在其他计算机（包括未安装本软件的计算机）上使用。选择"隐藏加密"单选按钮后，加密后的文件夹将被隐藏。

11

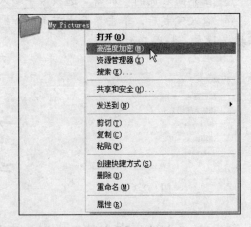

图 2-6   图 2-7

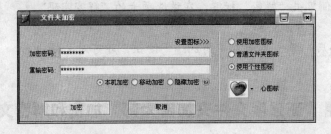

图 2-8

③ 设置完成后，单击 加密 按钮，即可对文件夹进行加密。文件加密后的信息将在"高强度文件夹加密大师"中列出，如图 2-9 所示。

④ 加密完成后的文件夹如图 2-10 所示。

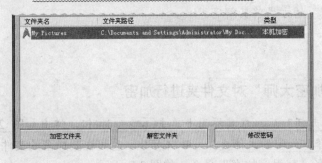

图 2-9   图 2-10

2. 对加密的文件夹解密

① 在图 2-9 中选择要解密的文件夹，然后单击 解密文件夹 按钮，弹出如图 2-11 所示的对话框，在该对话框中输入密码并选中"完全解密"复选框。 ■ 本步中，"完全解密"复选框表示彻底解开加密的文件夹，完全解开后再加密时，需重新输入密码；"临时解密"复选框表示只是临时解开，使用一次加密文件夹中的文件，选择该方式解密时，将弹出如

图 2-12 所示的对话框，在该对话框中单击 浏览文件夹 按钮，选择文件夹中所使用的文件，使用完成后单击 恢复加密状态 按钮，即可恢复对文件夹的加密；"浏览解密"复选框表示解密完成后自动打开文件夹窗口，当该文件夹关闭后，自动恢复加密状态。

② 在图 2-11 中选择完成后，单击 解密 按钮，若输入的密码正确，则弹出如图 2-13 所示的对话框，表示解密成功，然后单击 确定 按钮，即可解密。

图 2-11

图 2-12

图 2-13

任务三 使用"EXE 文件加密器"加密和解密文件

任务说明

本任务使用"EXE 文件加密器"对*.exe 格式的文件进行加密。具体要求是将名为"setup"的 EXE 文件加密并为其设置加密后的图标，然后将其解密。

操作步骤

1. 加密*.exe 文件

① 打开"EXE 文件加密器"后，单击 选择文件 按钮，即可弹出如图 2-14 所示的对话框，在该对话框中选择*.exe 格式的文件。

② 选择完成后单击 打开 按钮，所选择文件的路径将被添加到"可执行程序"选项右侧的文本框中，如图 2-15 所示。

图 2-14

图 2-15

③ 在图 2-15 中 "密码" 选项右侧的文本框中输入密码，在 "再次确认" 选项右侧的文本框中再次输入密码以确认，然后单击 选择图标 按钮，即弹出如图 2-16 所示的对话框，在该对话框中为加密后的 EXE 文件选择图标。

图 2-16

④ 设置完成后，单击 开始加锁 按钮，即可为*.exe 文件加密。加密后的文件如图 2-17 所示。

2. 解密*.exe 文件

① 双击如图 2-17 所示的 setup.exe 文件，弹出如图 2-18 所示的对话框，在该对话框 "请输入解锁口令" 选项右侧的文本框中输入密码。

图 2-17

图 2-18

② 输入完成后，单击 进入 按钮，即可运行*.exe 文件。

课堂练习

（1）使用 "文件加密大师" 对文件进行批量加密，加密后再对其进行批量解密。

【提示】在 "文件加密大师" 中单击 添加目录 按钮，在弹出的对话框中选择要进行批量加密文件所在的文件夹，然后在 "文件加密大师" 面板右侧的 "加密" 选项卡中输入密码并再次输入，接着单击 加密 按钮，即可加密，若要对文件进行批量解密，则可在 "解密" 选项卡中输入密码后，单击 解密 按钮即可。

（2）为可执行文件*.exe 进行加密并解密。

【提示】在"EXE 文件加密器"中选择要加密的*.exe 文件，输入密码并为*.exe 文件选择图标，然后单击 开始加锁 按钮，即可为其加密，双击加密后的*.exe 文件，输入密码后即可解密。

知识拓展

对于给文件加密，不使用各种加密软件，就可以实现保护文件的作用，下面讲解是如何实现的。

如何不使用加密工具为文件加密？

最简捷的文件加密方法是将文件的扩展名删除，将文件扩展名删除后，其图标一般显示 ▣ 样式。当双击删除扩展名后的文件时，就不能自动将其打开。若别人不知道这是什么格式的文件，将不能打开，这样就实现了保护文件的作用。但是自己必须知道它是什么格式的文件，否则也不能将其打开。

【举例】若将图片文件的扩展名.jpg 删除，双击该图片后将不能打开。

课后练习

1．填空题

（1）在"文件加密大师"中，可以添加单个文件，也可以添加_____文件。

（2）在"高强度文件夹加密大师"中，对文件夹使用"_____"后，加密后的文件夹将被隐藏。

2．选择题

（1）"EXE 文件加密器"可对_____格式的文件进行加密和解密。

    A．*.rar   B．*.doc   C．*.exe   D．*.*

（2）*.exe 文件加密后，双击加密后的文件并输入密码，可_____该文件。

    A．运行   B．关闭

3．操作题

（1）对文件和文件夹加密并解密。

（2）对*.exe 格式的文件进行加密，然后解密。

模块二　影音播放与录音录屏工具

本模块要点

- 分别使用 Windows Media Player 和 RealPlayer 播放音乐和电影
- 分别使用 Winamp 和"千千静听"播放音乐
- 使用 GoldWave 录制声音
- 分别使用 Captivate 和 Camtasia Studio 录制屏幕

项目三　音、视频文件播放工具

任务一　使用 Windows Media Player 播放音、视频文件

任务说明

　　本任务使用 Windows Media Player 播放计算机中的音乐和视频，如图 3-1 所示。具体要求是将文件夹中的所有音乐文件拖放到 Windows Media Player 中，然后进行播放，接着再播放视频。

图　3-1

操作步骤

1. 在 Windows Media Player 中播放音频文件

① 启动 Windows Media Player。执行"开始"→"程序"→"Windows Media Player"命令,即可将其启动。

② 启动后单击"正在播放"按钮,然后打开计算机中带有歌曲的文件夹,将歌曲文件拖动到其右侧的"正在播放"列表下,如图 3-2 所示。 ■ 本步中,Windows Media Player 所支持的常见音频格式有*.mp3、*.wav、*.wma、*.mid 等。

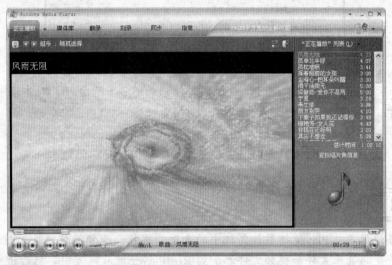

图 3-2

③ 在图 3-2 中双击第一首歌曲即可播放,第一首歌曲播放完成后,Windows Media Player 将自动播放下一首歌曲。 ■ 本步中,执行菜单"播放"→"重复"命令,或按快捷键 Ctrl + T ,便可以从第一首歌曲重新播放。若要显示菜单栏,则单击 Windows Media Player 最上方的 按钮,在弹出的菜单中选择"显示菜单栏"选项,则菜单栏显示为正常模式。

④ 在图 3-2 中,Windows Media Player 左侧窗口显示可视化效果,若要改变该可视化效果,可单击 按钮,在弹出的快捷菜单中选择"可视化效果"命令,如图 3-3 所示,然后选择任意一种可视化效果即可。

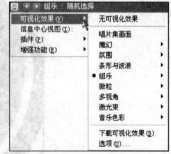

2. 用 Windows Media Player 播放视频文件

图 3-3

① 执行"文件"→"打开"命令,在弹出的对话框中选择要播放的视频文件,如图 3-4 所示。 ■ 本步中,Windows Media Player 所支持的常见视频格式有*.avi、*.wmv、*.dat、*.mpeg 等。

17

图 3-4

② 选择后单击 打开 按钮，即可播放视频文件，如图 3-1 所示。 ■ 本步中，若要全屏
播放视频文件，则可按 Alt + Enter 组合键。

任务二　使用 RealPlayer 播放音乐和视频

任务说明

本任务使用 RealPlayer 播放计算机中的音乐和视频，视频播放效果如图 3-5 所示。
具体要求是先将音乐文件和视频文件添加到 RealPlayer 播放列表中，然后进行播放。

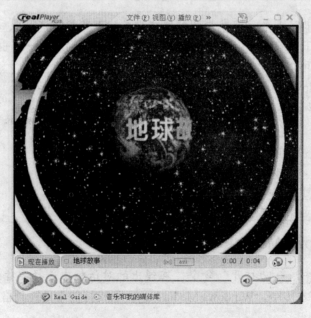

图 3-5

操作步骤

1. 使用 RealPlayer 播放音频文件

① 启动 RealPlayer。执行"开始"→"程序"→"RealPlayer"命令，即可将其启动。

② 将音乐添加到 RealPlayer 的媒体库。执行"文件"→"将文件添加至我的媒体库"命令，将弹出如图 3-6 所示的对话框，在该对话框中选择音乐后，单击 打开 按钮，即可将所选音乐添加到 RealPlayer 中。 ■ 本步中，执行"视图"→"我的媒体库"命令，即可看到所添加的音乐，如图 3-7 所示。RealPlayer 所支持的常见音频格式有*.mp3、*.mp2、*.wav 等。

图 3-6

图 3-7

③ 播放音乐。单击播放条上的 ▶ （播放）按钮，即可播放音乐。 ■ 本步中，若选中"播放"→"连续播放"命令，则播放时按照从上到下的顺序连续播放，且在最后一首歌曲播放完后，从第一首歌曲继续播放，若选中"播放"→"随机播放"命令，则播放时不按顺序进行播放。

2. 使用 RealPlayer 播放视频文件

① 打开视频文件。执行"文件"→"打开"命令或按快捷键 Ctrl + O，将弹出"打开"对话框，如图 3-8 所示，在该对话框中单击 浏览 按钮，弹出"打开文件"对话框，在该对话框中选择要进行播放的视频文件，如图 3-9 所示。

图 3-8

图 3-9

② 选择完成后，单击 打开 按钮，视频文件将自动播放。 ■ 本步中，将视频文件打开后，在文件上右击，然后在弹出的快捷菜单中选择"全屏影院"命令或按快捷键 Ctrl + 3 ，可将视频文件全屏显示。

任务三 使用 Winamp 播放音频文件

任务说明

本任务使用 Winamp 播放计算机中的音乐，如图 3-10 所示。具体要求是先将歌曲文件添加到 Winamp 的播放列表中，然后播放。

操作步骤

① 启动 Winamp。执行"开始"→"程序"→"Winamp"→"Winamp"命令，将其启动。

② 添加曲目。单击 Winamp 界面下方的 +曲 按钮，在弹出的列表中单击 +目 按钮，弹出"打开文件夹"对话框，在该对话框中选择存放音乐的文件夹，如图 3-11 所示，然后单击 确定 按钮，将所有曲目添加到 Winamp 播放列表中，如图 3-12 所示。

③ 单击 Winamp 上的 ▶ （播放）按钮，即可播放音乐。 ■ 本步中，当播放音乐时，若计算机处于连网状态，则 Winamp 将自动下载所播放歌曲的歌词并显示在其上方的窗口中，如图 3-13 所示。

图 3-10

图 3-11

图 3-12

图 3-13

任务四 使用"千千静听"播放音频文件

任务说明

本任务使用"千千静听"播放计算机中的音乐，如图 3-14 所示。具体要求是将音乐添加到"千千静听"的播放列表中，然后播放。在播放时，可切换到迷你界面。

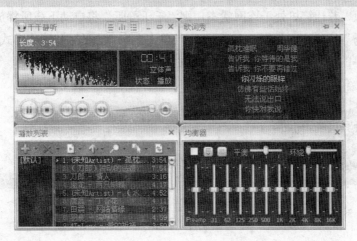

图　3-14

操作步骤

将要播放的音乐添加到"千千静听"中，并播放添加的音乐。

① 启动"千千静听"。执行"开始"→"程序"→"千千静听"命令将其启动。■ 本步中，"千千静听"的界面由 4 部分组成：主窗口、"歌词秀"窗口、"播放列表"窗口、"均衡器"窗口。分别单击主窗口上的 ≡、▥ 和 ≣ 按钮，可将"歌词秀"、"均衡器"和"播放列表"窗口关闭，若再单击，则可将其打开。

② 在播放列表窗口中单击 ✚（添加）按钮，在弹出的菜单中选择"文件"命令，弹出"打开"对话框，在该对话框中选择要添加的音乐，如图 3-15 所示。

③ 添加完成后，单击 ✔打开(0) 按钮，即可将所选音乐添加到播放列表窗口中，如图 3-16 所示。

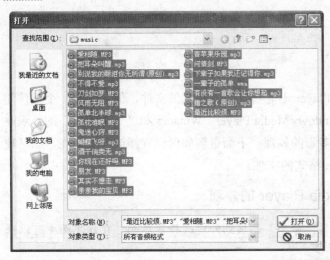

图　3-15

图　3-16

21

④ 选择第一首歌曲后，单击主窗口上的 ◉（播放）按钮，即可播放歌曲。■ 本步中，与 Winamp 类似，若计算机处于连网状态，则"千千静听"将自动下载所播放歌曲的歌词并显示在"歌词秀"窗口中，如图 3-17 所示。若单击主窗口上的 ▬（迷你模式）按钮，"千千静听"将在屏幕的顶端以条状结构显示，如图 3-18 所示。

图 3-17

图 3-18

课堂练习

（1）使用 Windows Media Player 播放音乐和视频。具体要求是将要播放的音乐和视频添加到媒体库新建的播放列表中，然后再进行播放。

【提示】启动 Windows Media Player 后单击"媒体库"按钮，再单击"正在播放"列表，在弹出的快捷菜单中选择"编辑播放列表"→"其他播放列表"命令，在弹出的对话框中单击 新建 按钮，新建播放列表，然后将音频和视频文件添加到该播放列表中，添加完成后播放音频和视频文件。

（2）在任务三的基础上使音乐无序播放，然后更改 Winamp 的外观。

【提示】在 Winamp 中单击 随机播放 按钮，即可使音乐无序播放，若要更改其外观，则可单击 按钮，在弹出的快捷菜单中选择"外观"→"Classical"命令，即可将 Winamp 的界面切换到经典模式。

知识拓展

默认情况下，Windows Media Player 不能播放*.rm 格式的文件，但若安装一个插件便能够使其播放*.rm 文件。另外，Windows Media Player、Winamp 和"千千静听"的外观并不是一成不变的，可以将其设置为多彩的外观。下面讲解如何设置播放器的外观，如何使 Windows Media Player 能够播放*.rm 格式的文件。

1. 怎样改变 Windows Media Player 的外观

① 执行"视图"→"外观选择器"命令，切换到外观选择器界面，在该界面中可以选择任意一款外观，如图 3-19 所示。

② 单击 ✓应用外观(A) 按钮，即可将 Windows Media Player 切换到所选择的外观，如图 3-20

所示。■ 本步中，所在图 3-20 中单击![icon]（返回到完整模式）按钮，即可返回到如图 3-19 所示的完整模式。

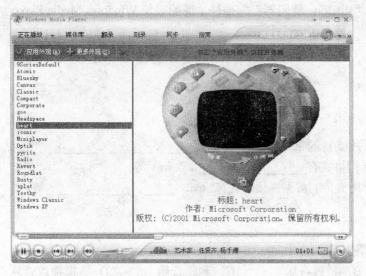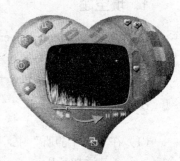

图　3-19　　　　　　　　　　　　　　　　　　　　图　3-20

2. 如何更改"千千静听"的外观

（1）更改"千千静听"的外观

在"千千静听"的主窗口上右击，在弹出的菜单中选择"皮肤"命令，在该菜单的子菜单中列出了 7 种皮肤供选择，选择任意一种皮肤，即可更改"千千静听"的外观。

（2）更改"歌词秀"窗口的外观

在"千千静听"的主窗口上右击，在弹出的菜单中选择"歌词秀"→"显示方式"命令，在该菜单的子菜单中列出了歌词和背景的显示方式，选择任意一种显示方式即可。在弹出的菜单中选择"歌词秀"→"选项"命令，弹出如图 3-21 所示的对话框，在该对话框中可以设置歌词的字体、显示的颜色等。

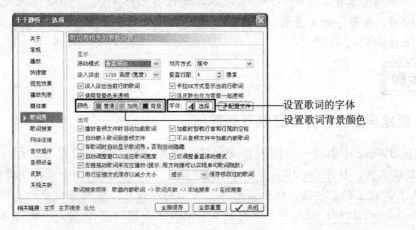

图　3-21

23

3. 如何使用 Windows Media Player 播放*.rm 格式的文件

在计算机中安装一个名为"Realone 解码器"的插件，便能够使 Windows Media Player 播放*.rm 格式的视频文件。

课后练习

1. 填空题

（1）Windows Media Player 所支持的常见音频格式有_____、_____、_____、*.mid 等；RealPlayer 所支持的常见音频格式有_____、_____、*.wav 等。

（2）Windows Media Player 所支持的常见视频格式有*.avi、_____、_____、_____等。

2. 选择题

（1）在"千千静听"中，➕按钮的作用是_____。

　　A. 添加音乐　　　　B. 播放音乐　　　　C. 删除音乐　　　　D. 随机播放音乐

（2）在 Winamp 中，按钮的作用是_____。

　　A. 弹出工具栏　　　B. 弹出菜单　　　　C. 弹出对话框　　　D. 弹出状态栏

项目四　录音录屏工具

任务一　使用 GoldWave 录制声音

任务说明

　　本任务利用录音工具——GoldWave 录制一段自己的声音。具体要求是先录制声音，然后删除错误录音、改变音量，并对噪声进行优化，使声音效果达到最佳，编辑完成后将声音保存为 MP3 格式。

操作步骤

1. 新建声音文件并设置录音参数

在 GoldWave 中新建一个用于存储声音的空白文件，然后设置与录音有关的参数。

① 新建文件。打开 GoldWave 后，执行"文件"→"新建"命令或按快捷键 Ctrl+N，也可单击工具栏上的按钮，弹出如图 4-1 所示的对话框。该对话框中的选项采用默认设置；然后单击确定按钮，新建一个空白的声音文件，如图 4-2 所示。■ 本步中，可以在"初始文件长度"选项右侧的下拉列表中选择录制声音的时间。

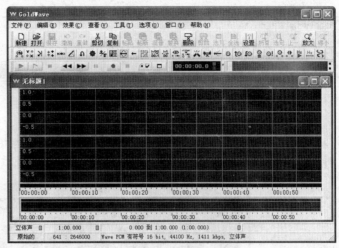

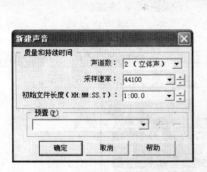

图　4-1　　　　　　　　　　　　　　　　　图　4-2

② 设置录音时长。单击 GoldWave 工具栏上的 ⊙☑（设置控制器属性）按钮或按快捷键 F11，弹出"控制器属性"对话框，在该对话框中单击"录音"标签，在"录音模式"选项组中选择"无限制"单选按钮，如图 4-3 所示。　■ 本步中，将录音模式设置为"无限制"，表示录音时不受时间限制；若要录制在某个时间内，则应选择"录音模式"选项组中的"限制到选定"单选按钮。

③ 设置录音设备。单击"音量"标签，在该选项卡中选中"麦克风"复选框，并将其音量设置为 100，如图 4-4 所示，设置完成后，单击 确定 按钮。　■ 本步中，也可将麦克风的音量调低。

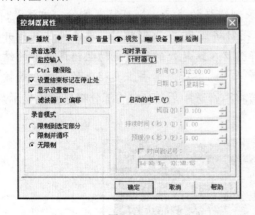

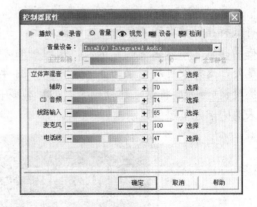

图　4-3　　　　　　　　　　　　　　　　　图　4-4

2. 录制并编辑声音

在 GoldWave 中录制一段声音，并编辑该声音，使其效果达到最佳。

① 录制声音。单击控制器上的 ●（开始录音）按钮或按快捷键 Ctrl+F9，开始录制声音。■ 本步中，在录制声音的过程中，控制器中将显示录制的时间和声音波形，如图 4-5 所示。若右侧的两个方块呈黑色显示，则表示录制的音量正常；若这两个方块呈红色，则表示

录制的音量过大，应降低音量。

图 4-5

② 录制完成后，单击控制器上的 ■ （停止录制）按钮或按快捷键 Ctrl + F8 ，停止录制声音。此时，在 GoldWave 的文档里将出现录制完成后的声音波形，如图 4-6 所示。

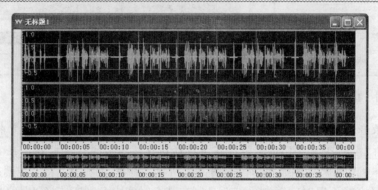

图 4-6

③ 试听声音。单击控制器上的 ▶ （播放）按钮或按快捷键 F4 ，试听录制声音的效果。

④ 试听完成后，单击 ■ （停止回放）按钮或按快捷键 F8 ，停止播放。

⑤ 删除错误录音。若在录音的过程中，有录制错误的声音，则可将其删除，方法是：将鼠标指针放在图 4-6 开始处的蓝线上，当鼠标指针将变为"⟐"形状时，单击按住鼠标并拖动指针至错误录音的开头处，用同样的方法将图 4-6 结尾处的蓝线拖动至错误声音的结尾处，这样便可将错误的声音选中，如图 4-7 所示。选中后，单击工具栏上的 ▦ 按钮或按快捷键 Delete 键，将错误部分删除。 ■ 本步中，若将声音选中后，选中的部分将呈蓝色显示，未选中部分呈黑色显示。

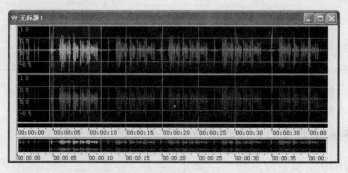

图 4-7

⑥ 降低噪音。若录制的声音有杂音，也可将其消除。方法是：选中全部声音，然后执行"效果"→"滤波器"→"噪声减少"命令或按工具栏上的 ▦ （噪声减少）按钮，弹出

如图 4-8 所示的对话框。在该对话框中，单击 **+** 按钮或拖动 **-**▮▮▮▮▮▮▮▮▮ **+**▮ 之间的 ▮ 滑块，降低噪音，设置完成后，单击 [确定] 按钮即可。■ 本步中，声音降噪的幅度不能太大，否则将改变音质。

　　⑦ 改变音量。执行"效果" → "音量" → "改变音量"命令或按工具栏上的 ⊙（改变音量）按钮，弹出如图 4-9 所示的对话框。在该对话框中，可单击 **+** 按钮（或 **-** 按钮）增大（或减小音量），也可以拖动二者之间的滑块改变音量，还可以直接输入参数改变音量。

　　⑧ 保存声音。对声音编辑完成后，单击工具栏上的▮按钮或按快捷键 [Ctrl]+[S]，在图 4-10 中的"文件名"下拉列表中输入声音文件的名称，在"保存类型"下拉列表中选择格式为"*.mp3"，在"属性"列表中选择如图 4-10 所示的属性值。■ 本步中，声音文件的保存类型通常有两种格式，分别为*.mp3 和*.wav。在"属性"下拉列表中应该选择合适的属性值，若选择的属性值过高（如选择"Layer-3，48000Hz，320Kbps，单声"），则保存后的声音文件比较大；若选择的属性值过低（如选择"Layer-3，8000Hz，8Kbps，单声"），则保存后的声音文件不清晰。

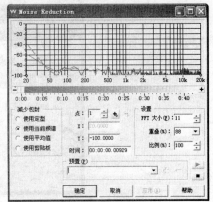

图　4-8

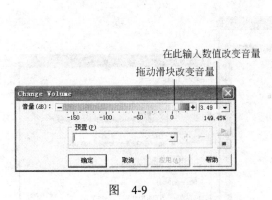

在此输入数值改变音量
拖动滑块改变音量

图　4-9

图　4-10

任务二　使用 Captivate 录制计算机屏幕画面

任务说明

　　本任务录制鼠标操作计算机时屏幕的画面，如图 4-11 所示。具体要求是使用

27

Captivate 录制双击"我的电脑"的操作，然后对录制后的画面进行编辑并发布为 SWF 文件。

图 4-11

操作步骤

1. 利用 Captivate 录制屏幕

① 启动 Captivate。执行"开始"→"程序"→"Macromedia"→"Macromedia Captivate"命令，将其启动。

② 设置录制参数。Captivate 启动后，单击图 4-12 中的"录制或创建新影片"选项，在弹出的对话框中选择"自定大小"单选按钮，如图 4-13 所示。 ■ 本步中，若需要录制整个屏幕，则选择"全屏"单选按钮。

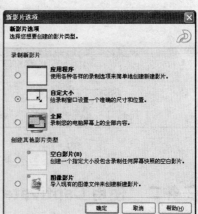

图 4-12   图 4-13

③ 在图 4-13 中单击 确定 按钮，弹出如图 4-14 所示的对话框，在该对话框中输入自定

义大小的宽度和高度。 ■ 本步中,输入宽度和高度后,录屏范围将以红色框显示出来,该框以屏幕左上角为起点,可将鼠标指针放在该框上移动其位置,录制屏幕时均在该红色框中进行。

④ 单击 选项 按钮,弹出如图 4-15 所示的对话框,并按图 4-15 所示进行设置。 ■ 本步中,图 4-15 中的"语言"选项表示在录制屏幕过程中,对鼠标动作的描述性语言(即图文描述)。例如,若鼠标产生双击"我的电脑"的动作,则其图文描述为"双击'我的电脑'项目"。

图 4-14

⑤ 在图 4-15 中单击"默认设置的录制"选项后面的 编辑设置 按钮,弹出如图 4-16 所示的对话框,按照图 4-16 所示进行设置。 ■ 本步中,设置图文描述的字体为"宋体"、字号为 11;设置高亮提示框的颜色为红色、框架宽度为 2,高亮提示框是将鼠标产生的动作用红框进行提示。例如,若鼠标产生双击"我的电脑"的动作,则用红框将"我的电脑"框起来。

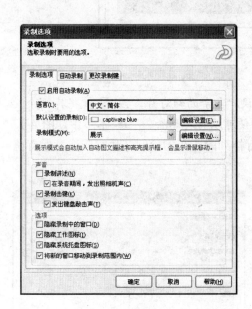

图 4-15

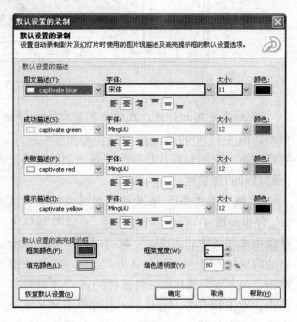

图 4-16

⑥ 设置完成后,连续单击 确定 按钮,直至返回到如图 4-14 所示的对话框,在该对话框中单击 ●录制 按钮,即可录制屏幕。 ■ 本步中,由于录制的屏幕是自定义大小,所以在录制窗口时,应将其调整为图 4-14 中输入的大小。Captivate 是通过记录鼠标的动作来录制屏幕,若鼠标没有动作,则不录制屏幕。

⑦ 录制完成后,单击任务栏上 Captivate 的图标或按快捷键 End,停止录制。

2. 编辑

对录制过程中错误的地方进行修正。

29

① 停止录制后，Captivate 将自动打开录制的画面。在 Captivate 左侧窗口中单击"编辑"标签，即可切换到编辑状态，如图 4-17 所示。 ■ 本步中，Captivate 编辑窗口主要由缩略图窗口、时间轴和幻灯片窗口组成，在进行编辑操作时，主要在这 3 个窗口中进行操作。

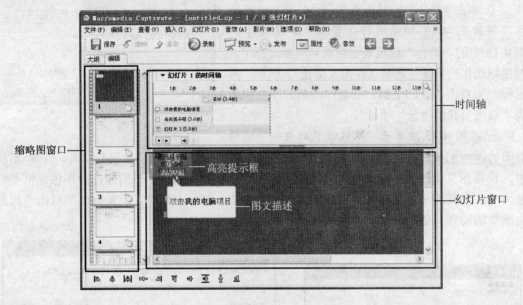

图 4-17

② 删除无用幻灯片。在缩略图窗口中选择错误、多余的幻灯片，按 Delete 键将其删除。例如，图 4-17 中的第 2 个幻灯片是无用幻灯片，便可以将其删除。 ■ 本步中，图 4-17 缩略图窗口中的幻灯片是按照屏幕录制的顺序进行排列的，在删除幻灯片时应注意保持整个幻灯片的连贯性。

③ 编辑图文描述。在要编辑的图文描述上双击，弹出如图 4-18 所示的对话框，在该对话框中修改图文描述中的文字。 ■ 本步中，Captivate 自动将鼠标的 3 个事件默认为点击、双击和右键单击，但在实际操作中，将鼠标的 3 个事件称作单击、双击和右击。而且，一般称单击××菜单命令，而不是单击××菜单项目，如双击"我的电脑"，而不是双击"我的电脑"项目。

图 4-18

3. 添加声音

对需要录音的幻灯片进行录音。

① 在 Captivate 中录制声音。选择要录制声音的幻灯片，单击工具栏上的 音效 按钮，弹出如图 4-19 所示的对话框，在该对话框中单击 ●录制(R) 按钮，即可录制声音。 ■ 本步中，屏幕录制只是简单地描述鼠标的动作，若要对屏幕录制的内容进行深入、详细的讲解，就需要对其进行录音。

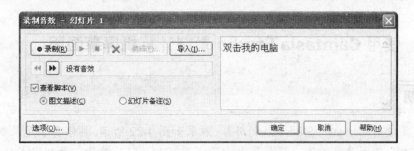

图 4-19

② 录制完成后，单击■按钮，可停止录制，然后单击确定按钮，即可将录制的声音添加到幻灯片上。 ■ 本步中，也可用录音工具先将声音录制好并保存，然后执行"音效"→"导入"命令或按快捷键 F6，将录制好的声音导入到幻灯片中。

4．预览并发布文件

① 单击工具栏上 预览·按钮后面的倒三角按钮，在弹出的菜单中选择"影片"命令或按快捷键 F4，预览录制的屏幕。 ■ 本步中，在预览的过程中，若发现有编辑错误或没有编辑的幻灯片，则可单击 编辑 按钮，直接切换到该幻灯片中进行编辑。

② 预览完毕后，单击×关闭预览按钮，退出预览窗口。

③ 单击工具栏上的 发布 按钮，弹出如图 4-20 所示的对话框，在该对话框"影片标题"下面的文本框中输入影片的名称；在"文件夹"下面的文本框中输入（或单击浏览按钮选择）文件保存的路径。 ■ 本步中，默认情况下，将影片发布为*.swf 文件，这种格式的文件占用的空间较小，常用于网页中。

④ 设置完成后，单击发布按钮，即可将影片发布为*.swf 文件。

⑤ 发布完成后，弹出如图 4-21 所示的对话框，在该对话框中单击查看输出按钮，可观看发布后的影片。

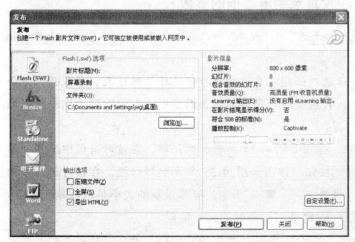

图 4-20

图 4-21

31

任务三　使用 Camtasia Studio 录制计算机屏幕画面

任务说明

　　本任务使用 Camtasia Studio 录制屏幕,效果如图 4-22 所示。具体要求是录制打开"我的文档"中示例图片的操作,将屏幕大小设置为 800×514 像素,录制完成后编辑录制的视频并为其配音,然后将编辑完成后的视频文件发布为 SWF 格式。

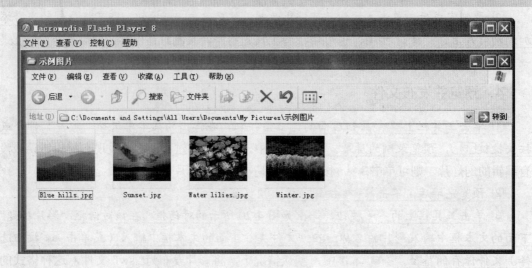

图　4-22

操作步骤

1．在 Camtasia Studio 中设置录制屏幕前的参数

　　① 启动 Camtasia Studio。执行"开始"→"程序"→Camtasia Studio 3→Camtasia Studio 命令,将其启动。

　　② 启动后弹出如图 4-23 所示的对话框,在该对话框中选择"通过录制屏幕开始一个新方案"单选按钮。　■ 本步中,若启动时不需要显示该对话框,则可取消"启动时显示这个对话框"复选框的选择。

　　③ 在图 4-23 中单击 确定 按钮,弹出如图 4-24 所示的对话框,在该对话框中选择"屏幕区域"单选按钮,然后单击 下一步 按钮,弹出如图 4-25 所示的对话框,在该对话框中输入录制屏幕的大小(如 800×514 像素)。　■ 本步中,屏幕录制的大小是以像素为单位,并且还可以通过输入 X 和 Y 的值,确定录制屏幕时的起始位置。

　　④ 设置完成后单击 下一步 按钮,弹出如图 4-26 所示的对话框,若在录制屏幕的同时录制声音,则可选中"录制音频"复选框。

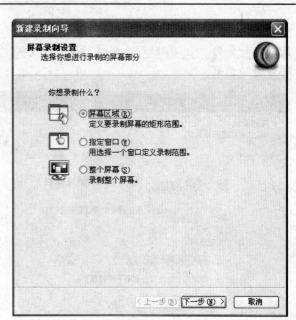

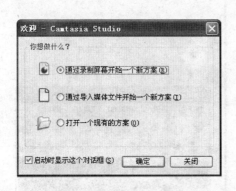

图 4-23

图 4-24

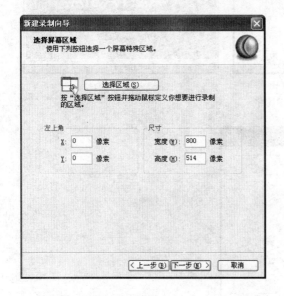

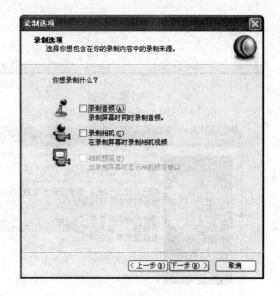

图 4-25

图 4-26

⑤ 在图 4-26 中单击 下一步 按钮，弹出如图 4-27 所示的对话框，在该对话框中单击 完成 按钮，弹出如图 4-28 所示的对话框，再单击最小化按钮，弹出如图 4-29 所示的对话框，在该对话框中单击 关闭 按钮，Camtasia 录像器按钮将出现在系统的任务栏上，如图 4-30 所示。

2. 录制屏幕

① 在如图 4-30 所示的屏幕录像器按钮上右击，在弹出的快捷菜单中选择"录制"命

令，屏幕中将出现绿色闪动的一个矩形的 4 个角，将鼠标指针放在任意一个矩形角上，当鼠标指针变为"✛"形状时，用鼠标移动矩形角的位置，将要录制的画面圈在矩形区域中，即可进行录制。

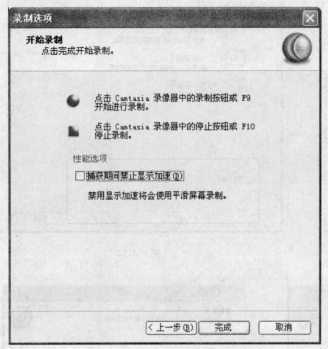

图 4-27

图 4-28

图 4-29

图 4-30

② 录制完成后，在系统任务栏的屏幕录像器上右击，在弹出的快捷菜单中选择"停止"命令，Camtasia 将自动播放录制的屏幕，如图 4-31 所示。

③ 单击 保存 按钮，将录制的视频保存，保存后将弹出如图 4-32 所示的对话框，在该对话框中选择"编辑我录制的内容"单选按钮，然后单击 确定 按钮，所录制的文件就可同时导入到 Camtasia Studio 的剪辑箱和时间线上，如图 4-33 所示。

图 4-31

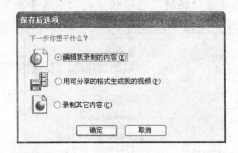

图 4-32

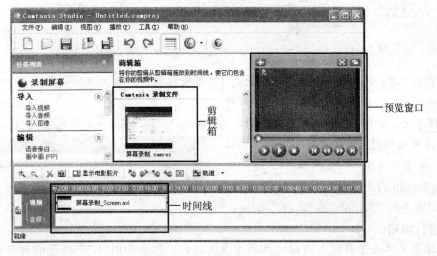

图 4-33

3. 屏幕录制完成后对视频进行编辑

① 单击图 4-33 中时间线左上角的 🔍（放大）按钮，然后在不需要的视频画面处单击并拖动 "▼"，选中不需要的部分，选中后将呈蓝色显示，如图 4-34 所示。 ■ 本步中，在拖动的同时观察预览窗口中画面的情况，有利于判断哪些是有用的画面，哪些是无用的画面。

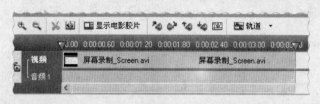

图 4-34

② 选择不需要的部分后，单击时间线上的 ✂（剪切选区）按钮，将选中的部分删除。裁剪完成后，可单击预览窗口中的 ▶（播放）按钮，预览剪辑效果。

4. 为录制的屏幕配音并编辑声音

① 在 "任务列表" 中单击 "编辑" 选项组中的 "语音旁白" 选项，如图 4-35 所示，切换到 "语音旁白" 界面中，如图 4-36 所示。

图 4-35

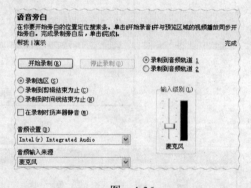

图 4-36

② 在图 4-36 中选择 "录制到音频轨道 1" 单选按钮后，单击 开始录制 按钮，即可录制声音。录制完成后，声音的波形将出现在时间线的音频 1 上，如图 4-37 所示。

③ 按照编辑视频的方法编辑音频，编辑完成后，单击图 4-36 中的 完成 按钮，返回到 Camtasia Studio 的主界面。 ■ 本步中，可单击时间线上的 "🔊 🔊 🔊 🔊 🔲" 按钮，对音频进行编辑。

图 4-37

④ 单击主界面工具栏上的 💾（保存方案）按钮，弹出如图 4-38 所示的对话框，在该对话框中输入文件保存的名称，单击 保存 按钮，即可将方案保存。 ■ 本步中，Camtasia

Studio 将经过编辑的方案保存时，不允许修改方案的路径和名称，否则将不能打开编辑后的方案。

图 4-38

5. 输出为 swf 文件

① 单击工具栏上的 ![按钮]（生成视频为）按钮，将弹出生成向导的欢迎界面，在该界面中单击 下一步 按钮，弹出如图 4-39 所示的对话框，在该对话框中选择 "SWF—Macromedia Flash 电影" 单选按钮。

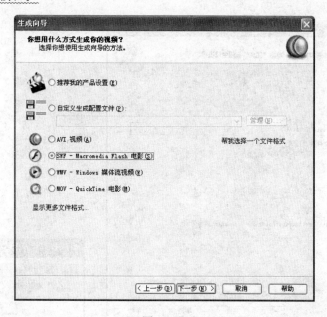

图 4-39

② 单击 下一步 按钮，进入如图 4-40 所示的对话框，在该对话框中设置音频属性。 ■ 本

37

步中，若视频超过 16000 帧，则将"视频"选项组中的"帧频"选项设置为 5 以上。

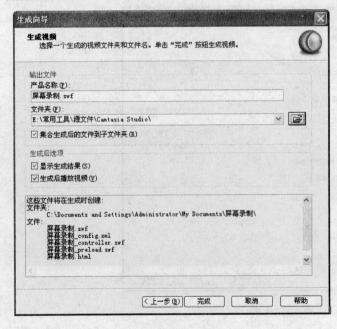

图 4-40

③ 依次单击 下一步 按钮，直到生成向导的最后一个对话框，如图 4-41 所示。在该对话框中输入生成 SWF 文件的名称并选择文件保存的路径，单击 完成 按钮，即可进行渲染，如图 4-42 所示。

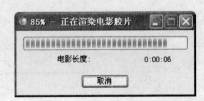

图 4-41   图 4-42

课堂练习

（1）使用 GoldWave 录制一段自己的声音。具体要求是无错误声音、给声音降噪、改变音量至合适大小并将其保存为*.wav 格式。

【提示】首先打开 GoldWave 并新建声音文件，单击 ● 按钮，开始录音，录制完成后单击 ■ 按钮，结束录音，若录音中有错误，则删除错误录音，然后降低噪音并改变音量大小。

（2）使用 Captivate 制作图像幻灯片，效果如图 4-43 所示。具体要求是将幻灯片的大小设置为 1024×768 像素（全屏）、背景设置为黑色、将图片的转场效果设置为渐变，然后发布文件。

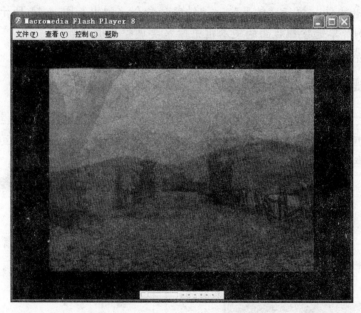

图　4-43

【提示】在 Captivate 的界面中单击"录制或创建新影片"选项，在弹出的对话框中选择"图像影片"单选按钮后单击 确定 按钮，然后将影片大小设置为 1024×768 像素，单击 确定 按钮，导入第 1 幅图像，若要插入其他图像，则可执行"插入"→"图像幻灯片"命令。将所有图像插入后，在任意一幅图像上右击，在弹出的快捷菜单中选择"属性"命令，然后将幻灯片的"显示时间"设置为 2 秒，"转换"设置为"渐变过程"，将幻灯片的颜色设置为黑色，选中"应用更改于所有幻灯片"复选框，设置完成后，单击 确定 按钮即可。

知识拓展

在实际工作中使用 GoldWave 时，需要对录制的声音进行音调处理，有时还需要录制计算机内部的声音；在使用 Captivate 录制屏幕后，鼠标指针移动的速度很慢，就需要使高亮提示框闪烁，以提高人们的注意力。下面讲解如何对这些问题进行处理。

1．如何录制计算机内部的声音

① 在图 4-4 中选中"立体声混音"复选框，将音量调到 40 左右，设置完成后，单击 确定 按钮。 ■ 本步中，"立体声混音"的音量不能过大，因为在同等设置下，录制出来的音量将比原音量稍大。

② 打开要录制的声音，在 GoldWave 的界面中单击 ● 按钮，即可录制计算机内部的声音。

2．调整音调

有的 MTV 需要对声音进行处理，GoldWave 可以对音调进行处理，方法如下。

① 打开声音文件，执行"效果"→"斜度"命令，弹出如图 4-44 所示的对话框，在该对话框"比例"单选按钮后面的文本框中输入要调整音调的数值。

② 设置完成后，单击 确定 按钮即可。

3．如何提高鼠标指针的移动速度

① 在任意一张幻灯片上右击，在弹出的快捷菜单中选择"鼠标"→"属性"命令，弹出如图 4-45 所示的对话框，在对话框中选中"直线指针路径"复选框、取消选中"先减速才单击"复选框，然后选中"应用更改于所有幻灯片"复选框。

图 4-44

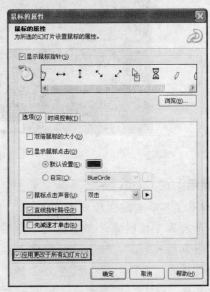

图 4-45

② 设置完成后，单击 确定 按钮，即可提高鼠标指针的移动速度。

4．如何使高亮提示框产生闪烁效果

① 复制提示框。在时间轴上选中"高亮提示框"，选中后将其进行复制，此时，在时间轴

上将出现 2 个高亮提示框，如图 4-46 所示。幻灯片窗口将有 2 个高亮提示框，如图 4-47 所示。

② 重叠提示框。按住 Ctrl 键，在图 4-46 中选中另一个高亮提示框，原有的高亮提示框周围以白色方块显示，而复制出的高亮提示框周围则是黑色方块，如图 4-47 所示。以原有的高亮提示框为基准，单击"对齐工具栏"中的 E（左对齐）和 T（上对齐）按钮，使复制出的高亮提示框与原有的高亮提示框重合。

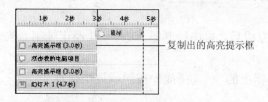
复制出的高亮提示框

图　4-46　　　　　　　　　　　　　　　　图　4-47

③ 缩短高亮提示框的显示时间。在时间轴中选中第 1 个高亮提示框，将鼠标指针置于该高亮提示框的尾部，当鼠标指针将变为"◀‖▶"形状时，单击按住并向左移动，将高亮提示框的显示时间缩短至 1 秒；再选中第 2 个高亮提示框，按照上述方法将其显示时间缩短至 1.5 秒，设置完成后，如图 4-48 所示。

④ 利用时间差实现闪烁效果。将鼠标指针置于第 2 个高亮提示框上，当鼠标指针变为"◀▶"形状时，单击按住鼠标并向右拖动，使第 1 个高亮提示框与第 2 个高亮提示框之间差 0.3～0.4 秒，如图 4-49 所示，这样便实现了高亮提示框的闪烁效果。

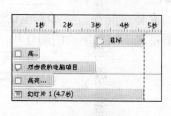
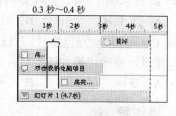

图　4-48　　　　　　　　　　　　　　　　图　4-49

5. 在 Camtasia Studio 中，若无法将文件发布为 SWF 格式，该怎么办

若发布影片时，无法将文件发布为 SWF 格式，可安装 QuickTime 6.5 以上的版本和 Flash_Video_Exporter.exe 插件。

6. Camtasia Studio 和 Captivate 同样能录屏，它们有什么区别

无论在录制范围内出现任何动作（如鼠标移动轨迹和录制范围中播放的动画等），Camtasia Studio 都能将其记录下来，而 Captivate 则只能记录鼠标操作时的画面。若鼠标没有动作，Captivate 则不能记录其画面。但是 Captivate 的可操作性很强，屏幕录制完成后，可进行移动鼠标指针位置、改变鼠标指针形状等操作，而 Camtasia Studio 录制的画面，鼠标和背景是融为一体的。

课后练习

1．填空题

（1）在 GoldWave 中，单击控制器上的＿＿＿＿＿＿按钮或按快捷键 `Ctrl`+`F9`，开始录制声音。

（2）在 GoldWave 中，声音录制完成后，单击控制器上的 ▣ （停止录制）按钮或按快捷键＿＿＿＿＿，停止录制声音。

（3）在 GoldWave 中，单击控制器上的 ▶ （播放）按钮或按快捷键＿＿＿＿＿，试听录制声音的效果。

（4）屏幕录制完成后，单击任务栏上 Captivate 的图标或按快捷键＿＿＿＿＿，停止录制。

（5）若用录音工具先将声音录制好并保存后，执行菜单"音效"→"＿＿＿＿＿"命令或按快捷键＿＿＿＿＿，将录制好的声音导入到幻灯片中。

（6）对幻灯片编辑完成后，按快捷键＿＿＿＿＿，预览录制的屏幕。

2．选择题

（1）选中录制错误的声音后，单击工具栏上的＿＿＿＿＿按钮或按快捷键＿＿＿＿＿，将错误部分删除。

    A. 🗋新建, `Ctrl`+`N`　　B. 🗑剪切, `Delete`　　C. ⬤ , `Ctrl`+`F9`　　D. ⊙✓ , `F11`

（2）若要录制计算机内部的声音，应在"控制器属性"对话框中选中＿＿＿＿＿复选框。

    A. 麦克风　　　　B. 线路输入　　　　C. 立体声混音　　　　D. 电话线

（3）在 Captivate 预览影片的过程中，若发现有编辑错误或没有编辑的幻灯片，可单击＿＿＿＿＿按钮，直接切换到该幻灯片中进行编辑。

    A. 🗋 编辑　　　B. ⬤ 录制(R)　　　C. 📄 发布　　　D. ✕ 关闭预览

3．操作题

（1）录制一段计算机内部的声音，若音量过大，将其减小；若音量过小，将其增大。

（2）录制打开 Windows 记事本并在其中输入文字的过程，录制完成后对其进行编辑并配音，最后将其发布为*.swf 文件。

模块三 图像工具

本模块要点

● 分别使用 ACDSee、Windows 图片和传真查看器观看图片
● 使用 HyperSnap-DX 和 SnagIt 抓取屏幕图像
● 使用"幻影 2004"美化图片
● 使用"轻松换背景"抠取照片中的人像并合成
● 使用"大头贴制作系统"制作大头贴
● 使用"轻松水印专业版"制作水印

项目五 图像浏览与捕捉工具

任务一 使用 ACD See 浏览

任务说明

本任务使用 ACDSee 浏览图片并将浏览的图片制作成幻灯片和屏幕保护程序,如图 5-1 所示是浏览图片的效果,然后为浏览的图片批量重命名。

图 5-1

操作步骤

1. 在 ACDSee 中浏览计算机中的图片

① 启动 ACDSee。执行"开始"→"程序"→"ACD Systems"→"ACDSee 8"命令，将其启动。

② 选择图片路径。在 ACDSee 左侧"文件夹"窗口中选择图片所在的文件夹，如图 5-2 所示。

③ 在 ACDSee 的主窗口中将出现所选文件夹下面的所有图片，如图 5-3 所示。

图 5-2　　　　　　　　　　　　　　　　图 5-3

④ 若在图 5-3 中选择任意一幅图片，则该图片将出现在"预览"窗口中，如图 5-4 所示。

■ 本步中，若双击预览窗口中的图片，则图片以原大显示，如图 5-5 所示。在该图中，单击 (下一个)按钮，可浏览下一幅图片；若单击 (上一个)按钮，可浏览上一幅图片；若单击 (自动播放)按钮，可自动播放图片。

图 5-4　　　　　　　　　　　　　　　　图 5-5

⑤ 在 ACDSee 主界面中单击"文件夹"窗口和"预览"窗口中的 🔳（自动隐藏）按钮，可将这两个窗口隐藏，如图 5-1 所示。 ■ 本步中，主界面窗口右侧的 ⊖━◉━━━━⊕ 用于调节图片的显示尺寸，向左拖动滑动条，图片显示尺寸缩小；反之，则图片显示尺寸增大。

2. 使用 ACDSee 将图片制作成幻灯片

① 添加要制作成幻灯片的图片。在 ACDSee 中执行"创建"→"创建幻灯片文件"命令，弹出如图 5-6 所示的对话框，在该对话框中按照默认的选项进行设置，然后单击 下一步 按钮，在弹出的对话框中单击 添加 按钮，然后在图 5-7 中选择要制作成幻灯片的图片，选择完成后，单击 添加 按钮，将图片添加到"选择项目"列表中。

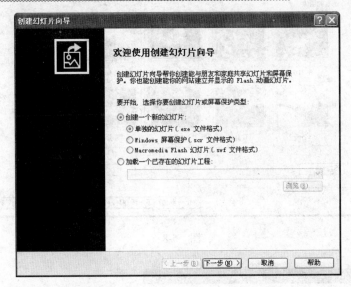

图　5-6

图　5-7

45

② 在图 5-7 中单击 确定 按钮，所选择的图片将出现在如图 5-8 所示的对话框中；在该对话框中单击 下一步 按钮，弹出如图 5-9 所示的对话框；在该对话框中分别单击图片右侧的"转换"选项，即可弹出如图 5-10 所示的对话框；在该对话框中选择图片的转场效果，选择完成后，单击 确定 按钮即可。

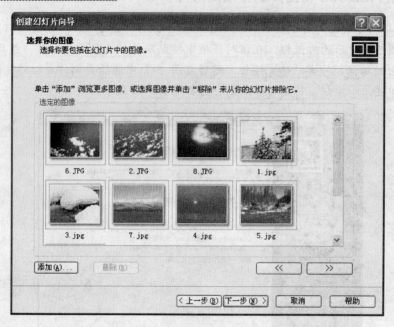

图　5-8

图　5-9

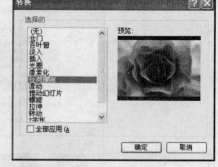

图　5-10

③ 为所有的图片设置转场效果后，单击 下一步 按钮，弹出如图 5-11 所示的对话框；在该对话框中将幻灯片的播放时间设置为 2 秒，其他选项按照默认设置，然后单击 下一步 按钮，

弹出如图 5-12 所示的对话框；在该对话框中选择文件输出的路径，选择完成后，单击 下一步 按钮。在最后一个对话框中单击 完成 按钮，即可创建幻灯片。 ■ 本步中，也可根据需要自定义对话框中的选项。例如，修改幻灯片保存的路径、设置其背景颜色等。

④ 幻灯片创建完成后的效果如图 5-13 所示。

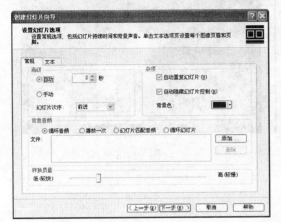

图　5-11

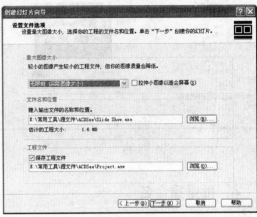

图　5-12

3. 制作屏幕保护程序

① 选择要制作成屏保的图片。在 ACDSee 中执行"工具"→"设置屏幕保护"命令，在弹出的对话框中单击 添加 按钮，添加图片（其方法和制作幻灯片中添加图片的方法类似），添加完成后，单击 确定 按钮，返回到图 5-14 所示的对话框中。

图　5-13

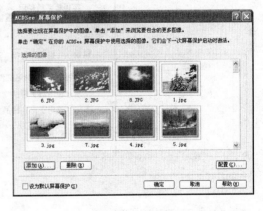

图　5-14

② 在该对话框中单击 配置 按钮，弹出如图 5-15 所示的对话框，在该对话框左侧列表中选择转换效果。 ■ 本步中，可根据需要自行设置其效果，也可在该对话框中设置屏幕保护程序的背景色、延迟时间等。

③ 选择完成后，单击 确定 按钮，返回到图 5-14 所示的对话框，在该对话框中单击 确定 按钮，屏幕保护程序便制作完成。 ■ 本步中，若想将制作的屏幕保护程序设置为默认屏保，则需在图 5-14 中选中"设为默认屏幕保护"复选框。

④ 屏幕保护程序创建完成后的效果如图 5-16 所示。

图 5-15

图 5-16

4. 批量重命名

① 在图 5-1 中选择需重新命名的图片（可全选），然后执行"工具"→"批量重命名"命令，在弹出对话框的"模板"选项卡中选择"使用数字替换"单选按钮，如图 5-17 所示。

■ 本步中，也可以使用字母进行替换；ACDSee 除了批量重命名图片外，还可以对文件进行批量重命名，其方法与此类似。

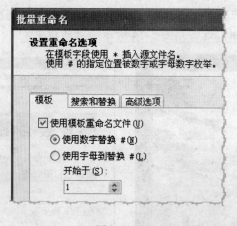

图 5-17

② 单击 开始重命名 按钮，即可开始批量重命名。

任务二 使用 Windows 图片和传真查看器浏览图片

任务说明

本任务使用 Windows 图片和传真查看器浏览图片，效果如图 5-18 所示。具体要求是浏览上一幅或下一幅图片，放大或缩小图片，并将图片顺时针或逆时针旋转。

图 5-18

操作步骤

1. 使用 Windows 图片和传真查看器浏览图片

① 浏览图片。选择图片所在的路径后，双击要查看的图片，即可使用 Windows 图片和传真查看器浏览图片。 ■ 本步中，若计算机中没有安装 ACDSee，则图片默认打开方式是使用 Windows 图片和传真查看器打开；若安装了 ACDSee，但要使用 Windows 图片和传真查看器打开图片，则右击要打开的图片，在弹出的快捷菜单中选择"打开方式"→"Windows 图片和传真查看器"命令，即可打开图片。

② 浏览下/上一幅图片。单击 ◑（下一个图像）按钮或按"→"（右箭头），可浏览下一幅图片；单击 ◐（上一个图像）按钮或按"←"（左箭头），可浏览上一幅图片。 ■ 本步中，还可以按 Page Down 键，浏览下一幅图片；按 Page Up 键，浏览上一幅图片。

2. 放大/缩小并旋转图片

① 放大/缩小图片。单击 🔍（放大）按钮或按"+"，可放大图片；单击 🔍（缩小）按钮或按"–"，可缩小图片。 ■ 本步中，若要浏览图片的实际大小，可单击 ✛（实际大小）按钮或按快捷键 Ctrl + A；若要使图片适合窗口大小，则单击 ⛶（最合适）按钮或按快捷键 Ctrl + B。

② 旋转图片。单击 ⟳（顺时针旋转）按钮或按快捷键 Ctrl + K，可将图片顺时针旋转；单击 ⟲（逆时针旋转）按钮或按快捷键 Ctrl + L，可将图片逆时针旋转，图 5-18 中的图片顺时针、逆时针旋转后分别如图 5-19 和图 5-20 所示。

图　5-19　　　　　　　　　　　　　　图　5-20

任务三　使用 HyperSnap 捕捉屏幕中的图像

任务说明

　　本任务主要学习使用 HyperSnap 捕捉屏幕中的图像，效果如图 5-21 所示。具体要求是先重新设置捕捉的快捷键，然后按快捷键捕捉窗口和区域，捕捉完成后自动修剪图像，并为图像添加注释。

图　5-21

1. 在 HyperSnap 中设置捕捉图像的快捷键

　　① 启动 HyperSnap。执行"开始"→"程序"→"HyperSnap 6"→"HyperSnap 6"命令，将其启动。

　　② 打开快捷键设置对话框。在 HyperSnap 中执行"选项"→"配置热键"命令，弹出如图 5-22 所示的对话框。　■ 本步中，图 5-22 显示的是 HyperSnap 为捕捉图像设置的默

认快捷键，常用的捕捉有"捕捉窗口"、"捕捉按钮"、"捕捉范围"、"捕捉全屏幕"等。在实际工作中，捕捉鼠标指针也是经常用的捕捉，在图 5-22 中，HyperSnap 未给"仅鼠标指针"设置快捷键，若需要捕捉鼠标指针，则可按步骤③的方法为其设置快捷键。

③ 重新设置快捷键。在经常使用的捕捉快捷键上单击（如单击"捕捉窗口"左侧的快捷键），弹出"选择热键"对话框，在该对话框的文本框中输入设置的快捷键（如 F10 键），如图 5-23 所示，设置完成后单击 确定 按钮即可。 ■ 本步中，设置快捷键时不宜使用系统默认的快捷键（如 F1 ～ F4 、 Ctrl + C 、 Ctrl + V 等）。

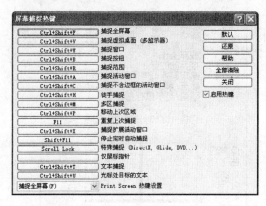

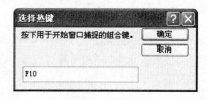

图　5-22　　　　　　　　　　　　　　图　5-23

④ 设置快捷键后，应确保图 5-22 中的"启用热键"复选框处于选中状态，然后单击"关闭"按钮，关闭该对话框。

2．捕捉图像

（1）使用设置的快捷键捕捉窗口

① 捕捉窗口。打开要捕捉的窗口，然后按一下设置的快捷键。

② 此时将出现一个闪烁框，在要捕捉的窗口上单击，HyperSnap 即可将捕捉的窗口放在其界面中，如图 5-24 所示。 ■ 本步中，按钮的捕捉方法与此类似，首先将鼠标指针放在要捕捉的按钮上，然后按下捕捉按钮的快捷键即可，如图 5-25 所示是捕捉"字体"对话框中 确定 按钮的效果。

图　5-24　　　　　　　　　　　　　　图　5-25

（2）使用设置的快捷键捕捉范围

① 捕捉范围。打开要捕捉的范围，然后按一下设置的快捷键。此时，鼠标指针将变为如图 5-26 所示的形状，同时在屏幕上将出现如图 5-27 所示的提示窗口。 ■ 本步中，捕捉范围即捕捉区域，也称自由捕捉，一般嵌于窗口中。例如，若要捕捉图 5-28 中的前两幅照片，即可使用"捕捉范围"。

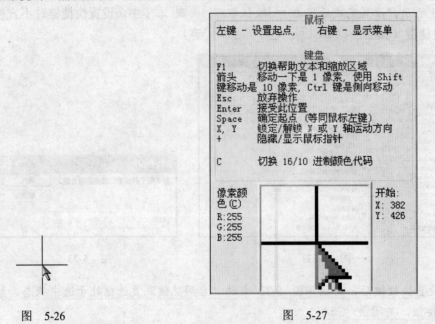

图 5-26   图 5-27

② 在要捕捉区域的起点处单击，然后拖动鼠标指针，框选要捕捉的区域，矩形区域也将随着捕捉区域的增大而增大，如图 5-29 所示。 ■ 本步中，捕捉区域的起点就是图 5-28 中 15.JPG 图片的左上角。

图 5-28

图 5-29

③ 若要停止捕捉，则在所要捕捉区域的终点处单击，即可完成捕捉，捕捉后的图像将嵌入 HyperSnap 的界面中，如图 5-30 所示。

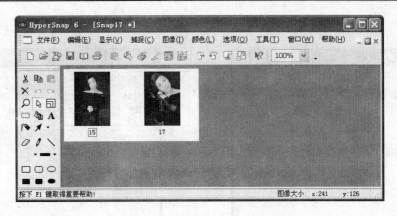

图　5-30

3. 使用 HyperSnap 中的工具对捕捉的图像进行处理

① 自动修剪图像。图 5-31 中图像两侧的白色区域是在捕捉图像时多余的区域，若要直接在 HyperSnap 中将其删除，则可执行"图像"→"自动修剪"命令或按快捷键 Ctrl + T ，即可将多余的区域修剪掉，如图 5-21 所示。　■ 本步中，操作是针对图像周围多余的区域具有相同像素的情况；若图像周围多余的区域不具有相同像素，则需要执行"图像"→"裁减"命令或按快捷键 Ctrl + R ，对多余的区域进行手动裁减。

图　5-31

② 为图像添加注释。单击 HyperSnap 右侧工具栏上的 A （添加文字）按钮，在要添加注释的地方画一个矩形框，画完后将弹出"编辑文本"对话框，在该对话框中输入注释的内容，如图 5-32 所示。　■ 本步中，可单击 字体 按钮，设置注释的字体。

③ 单击"边框"标签，在该选项卡中选中"使它透明"复选框，即无背景色，如图 5-33

所示。

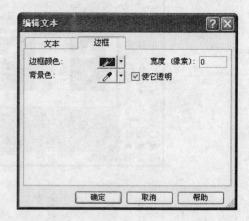

图　5-32　　　　　　　　　　　　　　　　　　　　　　图　5-33

④ 设置完成后，单击 确定 按钮，返回到 HyperSnap 主界面，然后单击 ▢（圆角矩形）
按钮，将要添加注释的选项画出来，添加注释后的效果如图 5-34 所示。

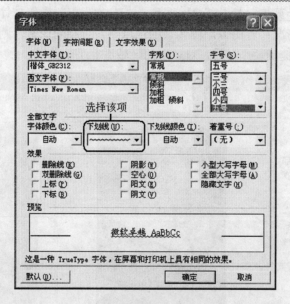

图　5-34

4. 保存图像

① 单击工具栏上的 🖫（另存为）按钮或按快捷键 Ctrl + S，弹出如图 5-35 所示的对话
框，在该对话框"文件名"后面的文本框中输入文件保存的名称，然后在"保存类型"下
拉列表框中选择文件的保存类型。 ■ 本步中，建议将图像保存为*.bmp 格式。若将其保
存为*.jpg 格式，其默认的图像质量为 90%。

② 单击 保存 按钮，即可保存图像。

图　5-35

任务四　使用 SnagIt 捕捉屏幕中的图像和菜单

任务说明

　　本任务使用 SnagIt 捕捉屏幕中的图像和菜单，效果如图 5-36 所示。具体要求是使用 SnagIt 捕捉区域的功能捕捉图像并修剪图像中多余的部分，然后使用 SnagIt 捕捉菜单的功能捕捉 Word 中的"文件"菜单，捕捉完成后将其保存。

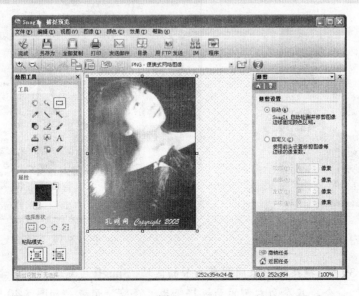

图　5-36

1. 使用 SnagIt 对屏幕中的区域进行捕捉

① 启动 SnagIt。执行"开始"→"程序"→"SnagIt 8"→"SnagIt 8"命令，将其启动。

② 在 SnagIt 界面的"基本捕捉方案"中选择"区域"选项，然后单击界面右下角的捕捉按钮，如图 5-37 所示。

图　5-37

③ 鼠标指针将变为"🖑"形状，将鼠标指针放在要捕捉图像的起点处，单击并拖动鼠标，此时将出现一个红色矩形区域，如图 5-38 所示。将鼠标指针拖动至区域的终点处松开，即可捕捉所选区域。

④ 捕捉完成后，将自动切换到 SnagIt 的预览界面，如图 5-39 所示。

图　5-38

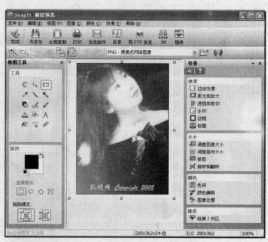

图　5-39

⑤ 在图 5-39 中，捕捉的图像周围有多余的区域，SnagIt 可对其进行自动修剪。执行"效果"→"修剪"命令，其界面右侧的面板将变为"修剪"面板，如图 5-40 所示，在该面板

中选择"自动"单选按钮，SnagIt 将自动修剪图像。

2. 使用 SnagIt 捕捉软件中的菜单

① 在 SnagIt 窗口中的"其他捕捉方案"中选择"延时菜单"选项。

② 单击图 5-37 中的 捕捉 按钮，此时在屏幕右下角将出现一个倒计时窗口，从 10 开始倒计时，当倒计时数为 0 时，单击要捕捉的菜单即可。

③ 菜单捕捉完成后，自动切换到 SnagIt 捕捉预览窗口，如图 5-41 所示。

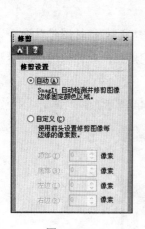

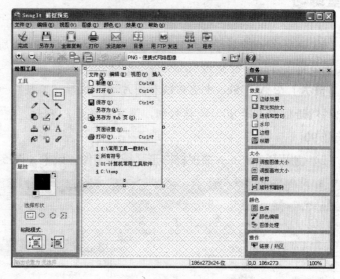

图　5-40　　　　　　　　　　　　　　　　　图　5-41

3. 存储图像

① 在 SnagIt 捕捉预览窗口中执行"文件"→"另存为"命令，弹出如图 5-42 所示的对话框。

图　5-42

② 在该对话框的“文件名”后面的文本框中输入文件保存的名称，在“保存类型”下拉列表框中选择文件保存的类型，然后单击保存按钮，即可将捕捉的图像保存。 ■ 本步中，SnagIt 默认的文件保存类型是*.png 格式，建议选择比较常用的图像格式，如*.bmp、*.jpg 等。

③ 执行“文件”→“完成”命令或按工具栏上的（完成捕捉按钮），捕捉结束。

课堂练习

（1）在任务一的基础上选中所有图片后，对其进行 90°旋转，效果如图 5-43 所示。具体要求是将图片逆时针旋转 90°。

【提示】在 ACDSee 中选中所有图片后，执行“工具”→“旋转/翻转图像”命令，在弹出的对话框中选择 90° 旋转按钮，设置完成后，单击开始旋转按钮，即可将图片批量逆时针旋转 90° 。

（2）使用 HyperSnap 捕捉椭圆形区域的图像，效果如图 5-44 所示。

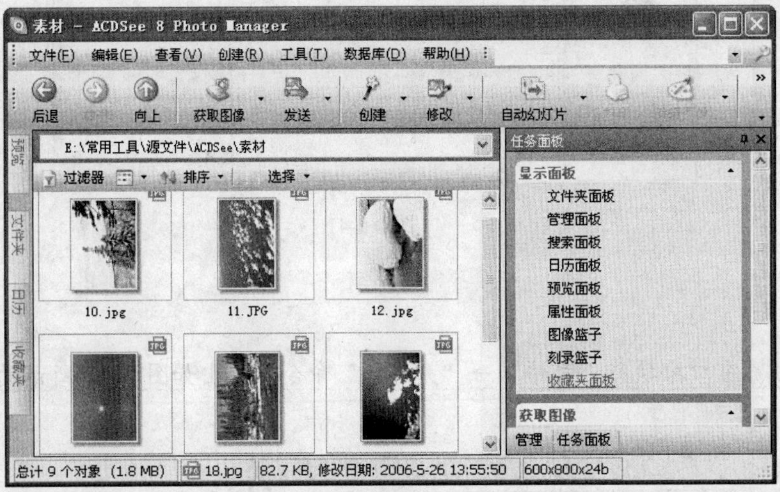

图 5-43

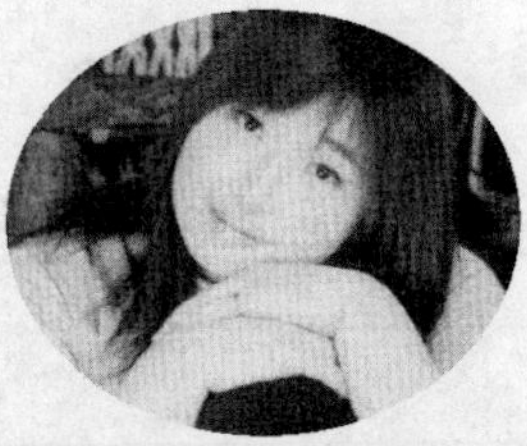

图 5-44

【提示】在 HyperSnap 中执行“捕捉”→“捕捉设置”命令，在弹出的对话框中单击“区域”选项卡，将“默认区域形状”设置为椭圆、“开始多区域捕捉”设置为“区域绘图”，然后单击确定按钮，按一下“捕捉范围”的快捷键，即可进行捕捉。

知识拓展

ACDSee 除用于制作幻灯片外，还可以查找重复图片。在实际工作中，HyperSnap 还可以捕捉滚动窗口。下面讲解如何进行以上操作。

1. 如何查找重复图片

若图片文件夹中存储大量图片，图片重复的可能性就很大，使用 ACDSee 便可以将重复的图片删除。操作时，首先选择文件夹中的所有图片，然后执行"工具"→"查找重复文件"命令，在弹出的对话框中设置查找条件，便可以查找出重复的图片。

2. 如何使用 HyperSnap 捕捉滚动窗口

所谓滚动窗口是指一个屏幕无法完全容纳，需要两屏甚至多屏放置，这样的窗口一般都有水平或垂直滚动条。在捕捉滚动窗口时，可按以下步骤进行操作。

① 在 HyperSnap 中执行"捕捉"→"捕捉设置"命令，在弹出的对话框中选中"窗口捕捉时自动滚动窗口"复选框，然后在其下面"自动滚动刷新时间"右侧的文本框中输入滚动时刷新的时间，单位是毫秒。设置完成后，单击 确定 按钮。

② 切换到要捕捉滚动窗口的起点，按快捷键 Ctrl + Shift + W （HyperSnap 捕捉滚动窗口时默认的快捷键），在该窗口上单击，HyperSnap 将按照所设置的刷新时间自动滚动窗口，窗口捕捉完成后，将切换到 HyperSnap 主界面中。

③ 若在捕捉窗口时隐藏鼠标指针，可在"捕捉设置"对话框的"捕捉"选项卡中取消选中"包括光标指针"复选框。

【工作经验】HyperSnap 所捕捉的滚动窗口是垂直滚动的窗口，不能捕捉水平滚动的窗口，并且在捕捉时应在窗口内部单击，而非在其标题栏上单击。

课后练习

1. 填空题

（1）ACDSee 主界面窗口右侧的 ⊖━━◐━━⊕ 用于调节图片的＿＿＿＿＿，向左拖曳滑动条，图片显示尺寸＿＿＿＿＿；反之，则图片显示尺寸＿＿＿＿＿。

（2）在 Windows 图片和传真查看器中按＿＿＿＿＿键，浏览下一幅图片，按＿＿＿＿＿键，浏览上一幅图片。

2. 选择题

（1）在 HyperSnap 中，按快捷键＿＿＿＿＿，可自动修剪图像中多余的区域。

    A. Ctrl + T   B. Ctrl + R   C. Ctrl + Shift + W   D. Ctrl + S

（2）若要使用 SnagIt 捕捉菜单，应在其捕捉方案中选择＿＿＿＿＿选项。

    A."区域"   B."窗口"   C."延时菜单"   D."网页"

3．操作题

（1）使用 ACDSee 浏览计算机中的图片并将其制作成幻灯片。

（2）使用 SnagIt 捕捉网页中的图像。

项目六　图像美化与变形工具

任务一　使用"幻影 2004"美化照片

任务说明

　　本任务使用"幻影 2004"美化照片，效果如图 6-1 所示。具体要求是为照片添加背景、轮廓、小可爱、文字等。

图　6-1

操作步骤

1．新建文件并插入图片

　　① 启动"幻影 2004"。执行"开始"→"程序"→"幻影 2004"→"幻影 2004"命令，将其启动。

② 新建一个空白文档。单击右侧"系统功能"窗口中的 新建 按钮（如图 6-2 所示），弹出"新建面板"对话框，如图 6-3 所示。按照该对话框进行设置，设置完成后单击 确定 按钮，即可新建一个空白文档。　■ 本步中，单击图 6-2 左侧的边框，可将该工具栏隐藏。

图　6-2　　　　　　　　　　　图　6-3

③ 插入背景图片。单击"对象属性"窗口中的 背景 按钮（如图 6-4 所示），弹出如图 6-5 所示的对话框，在该对话框中双击所选的背景，即可将其添加到新建的文档中。　■ 本步中，单击◀（向前翻页）或▶（向后翻页）按钮，可向前或向后翻页；单击 File 按钮，可从外部调入背景。

④ 导入图片。在"系统功能"窗口中单击 加载 按钮（如图 6-6 所示），弹出如图 6-7 所示的窗口，在该窗口中选择一幅图片，然后单击 打开 按钮，即可将该图片导入到"幻影 2004"的主窗口中。

双击该背景

图　6-4　　　　　　　　　图　6-5　　　　　　　　图　6-6

⑤ 将鼠标指针放在导入图片的右上角，当鼠标指针将变为"↗"形状时，单击按住鼠标并拖动鼠标指针，缩小导入的图片，然后移动其位置。完成后的效果如图 6-8 所示。

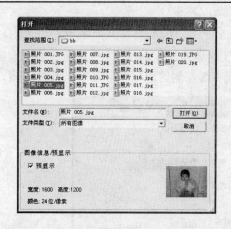

图 6-7　　　　　　　　　　　　　　　图 6-8

2. 插入"轮廓"、"小可爱"、"文字"等效果，美化图片

① 插入"轮廓"。单击"对象属性"窗口中的[轮廓]按钮，弹出如图 6-9 所示的对话框，在该对话框中单击"艺术"标签，然后在该选项卡中双击所选的轮廓，即可将轮廓添加到导入的图片上，效果如图 6-10 所示。　■ 本步中，插入"轮廓"的目的是为了使图片与背景很好地交融在一起，而不显得突兀。

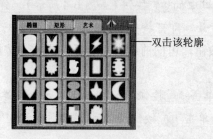

——双击该轮廓

图 6-9　　　　　　　　　　　　　　　图 6-10

② 插入"小可爱"。单击"对象属性"窗口中的[小可爱]按钮，弹出如图 6-11 所示的对话框，在该对话框中双击所选择的"小可爱"，即可添加到图片上，然后移动"小可爱"的位置并调整其大小使其与图片相适应，调整完成后如图 6-12 所示。　■ 本步中，若要复制小可爱，则可单击"对象属性"窗口中的[▣]（复制对象）按钮；若要翻转小可爱，则可单击"对象功能窗口"（如图 6-13 所示）中的[旋转]按钮，弹出"对象旋转"窗口（如图 6-14 所示），在该窗口中可以对"小可爱"进行旋转。

图 6-11　　　　　图 6-12　　　　　图 6-13　　　　　图 6-14

③ 插入"文字"。单击"对象属性"窗口中的 文字 按钮，弹出"文字编辑"对话框，如图 6-15 所示。

④ 在"输入文字"下面的文本框中输入一首诗词，然后在"填充方式"选项组选择"渐变填充"单选按钮、并在其右边的下拉列表中选择"水平方向"，单击"渐变填充"单选按钮后面的第 1 个颜色块，弹出如图 6-16 所示的对话框，在该对话框中选择渐变的起始颜色，接着按照同样的方法设置渐变的最终颜色。

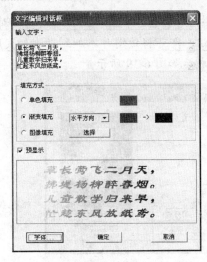

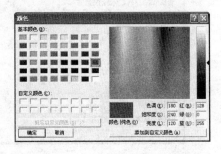

图　6-15　　　　　　　　　　　　　　　图　6-16

⑤ 单击 字体 按钮，将文本的字体设置为"汉仪大隶书简"、字形为"粗斜体"、字号为"二号"，设置完成后的最终效果如图 6-1 所示。

任务二　使用"奇幻变脸秀"将图像变形

任务说明

本任务制作从一张照片的面孔转换为另一张照片面孔的效果，如图 6-17 所示。

原图1

原图2

图　6-17

63

操作步骤

1. 导入源图片

① 启动"奇幻变脸秀"。执行"开始"→"程序"→Abrosoft FantaMorph 3→FantaMorph 命令，将其启动。

② 导入源图片。执行"文件"→"导入源图片 1"命令，弹出如图 6-18 所示的对话框，在该对话框中选择第一幅图片，然后单击 打开 按钮，即可将该图片添加到"奇幻变脸秀"中，按照同样的方法，添加第二幅图片，添加完成后如图 6-19 所示。

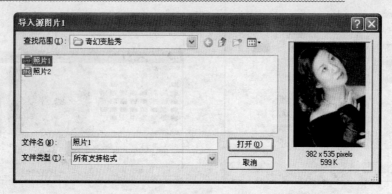

图　6-18

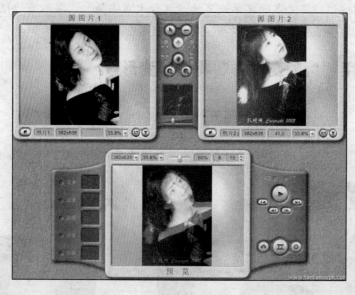

图　6-19

2. 编辑源图片

① 选取区域。在图 6-19 中单击源图片 1 右下角的 ⬆ （裁剪源图片 1）按钮，弹出"裁

剪源图片 1"对话框，在该对话框中通过拖动 8 个裁剪柄，选取需要的范围，不需要的范围将用一层蓝色薄膜覆盖，如图 6-20 所示。

②选择完成后单击 确定 按钮，在图 6-19 的"源图片 1"中将显示裁剪后的效果，用同样方法裁剪"源图片 2"。裁剪完成后的效果如图 6-21 所示。

 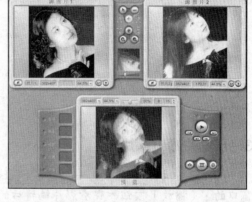

図　6-20　　　　　　　　　　　　　　図　6-21

③添加关键点。确认编辑面板上"自动添加对应点"按钮呈高亮显示，如图 6-22 所示。然后在"源图片 1"中的眼睛处单击，即可在该位置添加关键点，此时在"源图片 2"上将自动添加一个对应的关键点，如图 6-23 所示。　■ 本步中，添加关键点是为了使图像能够很好地变形，即从一张图像平滑地过渡为另一张图像。添加关键点应从图片最重要的特征处开始，如眼睛、鼻子、嘴等，并且添加的关键点越多，其过渡效果就越好。

该点呈高亮显示——

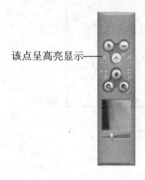 

図　6-22　　　　　　　　　　　　　　図　6-23

④继续在"源图片 1"的眼睛、眉毛、鼻子、嘴巴和大体轮廓处添加关键点。　■ 本步中，若将图片放大后再单击"源图片 1"中的眼睛、嘴巴等部位，其图片变形效果将更加平滑。放大图像的方法是将鼠标指针放在"源图片 1"或"源图片 2"上，向后滚动鼠标滚轮，可将图片放大；向前滚动鼠标滚轮，可将图片缩小。

⑤手动调整关键点的位置。将光标放在"源图片 2"中的某个关键点上，这时光标将变为"✐"形状，并且光标所处的关键点闪烁显示。移动闪烁的关键点到对应的位置，如在"源图片 1"眼睛处的关键点，在"源图片 2"中也应将其移动到眼睛处。如图 6-24 所示是单击选取嘴巴的效果，如图 6-25 所示是将"源图片 2"中的关键点移动到嘴巴处的效

果。■ 本步中，在移动"源图片 2"中某个部位的关键点时，其关键点的位置应与"源图片"中的该点位置对应。

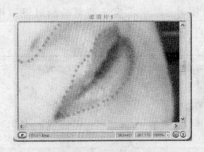

图 6-24

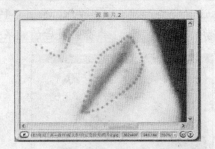

图 6-25

3．预览并输出影片

① 预览影片。执行"播放"→"播放/停止"命令或按快捷键 Ctrl + P，也可单击"预览"窗口的 ▶（播放）按钮，观看影片编辑后的效果，如图 6-26 所示。

② 输出影片。执行"文件"→"输出影片"命令，弹出如图 6-27 所示的对话框，在该对话框中将"输出格式"设置为 Flash 影片，设置完成后单击 输出 按钮，弹出如图 6-28 所示的对话框，在该对话框中输入文件输出的名称，然后单击 保存 按钮，即可将影片输出为*.swf 格式的文件。

图 6-26

图 6-27

图 6-28

课堂练习

（1）使用"幻影 2004"添加各种效果使其美化，效果如图 6-29 所示。具体要求是首先添加背景图，然后在背景图上添加小可爱。

图 6-29

【提示】打开"幻影 2004"后新建一个空白文档，然后单击 背景 按钮，导入一幅卡通图片作为背景，然后单击 小可爱 按钮，插入飞禽和花作为点缀，制作完成后，将最后的效果进行保存。

（2）使用"奇幻变脸秀"将一张照片变为另一张照片，效果如图 6-30 所示。具体要求是在"照片 1"的外形、嘴巴、眼睛、鼻子等部位添加关键点，然后在"照片 2"中将关键点移动到对应的部位。

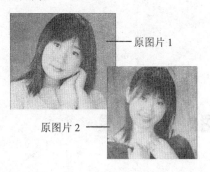
原图片 1

原图片 2

图 6-30

【提示】打开"奇幻变脸秀"后，在"源图片 1"中导入一张照片，在"源图片 2"中导入一张照片，然后单击 ⊟ 按钮，裁剪出"源图片 1"和"源图片 2"需进行变脸的部分。裁剪完成后返回到主界面，在"源图片 1"的外形轮廓、眉毛、眼睛、鼻子、嘴巴上添加关键点，并移动"源图片 2"上关键点的位置，使其与"源图片 1"的关键点对应，添加完成后播放效果。

知识拓展

给人物变脸的应用很广，在实际制作过程中还需要注意什么呢？下面进行讲解。

使用"奇幻变脸秀"时，应注意什么？

将图片放得越大、添加的关键点越多，变形的效果就越好。另外，在给人物变脸时，人物的外形轮廓要尽量相似，否则效果不明显。

课后练习

1．填空题

（1）在"幻影 2004"中，插入"轮廓"的目的是为了使图片与背景很好地融合在一起，不_____显示。

（2）在"奇幻变脸秀"中，添加关键点是为了使图像能够很好地_____，即从一张图像平滑地过渡为另一张图像。

2．选择题

（1）在"幻影 2004"中，单击 ![File]按钮，可从外部调入_____。

    A．小可爱   B．背景   C．轮廓   D．文字

（2）在"奇幻变脸秀"中，放大图像的方法是将鼠标指针放在"源图片 1"或"源图片 2"上，向下滚动鼠标滚轮，可将图片_____；反之，向上滚动鼠标滚轮，可将图片_____。

    A．缩小，放大   B．放大，缩小

3．操作题

（1）使用"幻影 2004"美化照片。
（2）使用"奇幻变脸秀"给图片变脸。

项目七   图像处理工具

任务一   使用"轻松换背景"抠出与合成图片

任务说明

本任务使用"轻松换背景"抠出图像中的蝴蝶，然后将该蝴蝶与另外一张背景图合并，效果如图 7-1 所示。

原图 1

原图 2

图　7-1

操作步骤

1．导入背景图和前景图

① 导入背景图。单击工具栏上的 ▣（打开文件）按钮，或执行"文件"→"打开文件"命令，弹出如图 7-2 所示的对话框，在该对话框中选择背景图后，单击 打开 按钮，可将背景导入到"轻松换背景"的主界面中。

② 导入前景图。背景图导入后，将弹出如图 7-3 所示的对话框，在该对话框中单击"这是背景，我还需要调入前景图片"选项，弹出如图 7-2 所示的对话框，在该对话框中双击"前景图"将其打开。

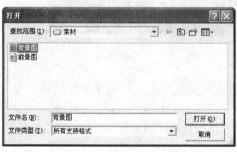

图　7-2

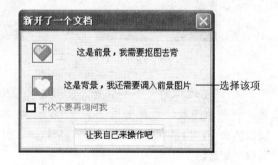

选择该项

图　7-3

③ 导入背景图和前景图后的效果如图 7-4 所示。

2．选取前景图中蝴蝶的轮廓并进行合成

① 选取蝴蝶轮廓。单击工具箱中的 ▢（多边形）工具按钮，在蝴蝶轮廓的某一点单击开始选取其轮廓，如图 7-5 所示。　■ 本步中，在选取蝴蝶轮廓时应注意两点：一是通过鼠标滚轮放大图片，以提高精度；二是尽量靠内一点，以使其不选到背景。

图 7-4　　　　　　　　　　　　　　　　　　　　图 7-5

② 当回到起点时，单击后将形成闪动的闭合选择区域，如图 7-6 所示。

③ 删除前景图中的其他部分。执行"选区"→"删除非选区内容"命令，将前景图中除蝴蝶以外的部分删除，然后执行"选区"→"取消选择"命令取消对蝴蝶的选择，图片合成后的初步效果如图 7-7 所示。

图 7-6　　　　　　　　　　　　　　　　　　　　图 7-7

④ 调整蝴蝶的大小和位置。使用工具箱中的 ⊡（自由变形）工具调整蝴蝶的大小和位置，调整后的最终效果如图 7-1 所示。　■ 本步中，当鼠标指针变为"↙"形状时，可调整蝴蝶的大小；当鼠标指针变为"↻"形状时，可将蝴蝶进行旋转；当鼠标指针为"✋"形状时，可移动蝴蝶。

⑤ 调整完成后，在背景图上双击，取消对蝴蝶的选取即可。

任务二　使用"相框大师"批量处理图片

任务说明

本任务使用"相框大师"为图片批量设置尺寸并添加相框。具体要求是将 20 张图片的宽度统一设置为 320 像素，然后为其添加相框效果，如图 7-8 所示。

图 7-8

操作步骤

1. 导入需改变尺寸的图片

① 启动"相框大师"。执行"开始"→"程序"→"相框大师 1.5"→photoWORKS.exe 命令，启动"相框大师"。

② 在"相框大师"的界面中单击 载入目录 按钮，弹出如图 7-9 所示的对话框，在该对话框中选择图片所在的文件夹，然后单击 确定 按钮，即可将该文件夹下的所有图片导入到"相框大师"中，如图 7-10 所示。 ■ 本步中，若单击 载入文件 按钮，也可以导入图片。在操作时应注意，该方式需要选择多幅图片，才能将其导入。例如，在图 7-11 中选择多幅图片后，单击 打开 按钮，也可将所选图片导入到相框大师中。

图 7-9

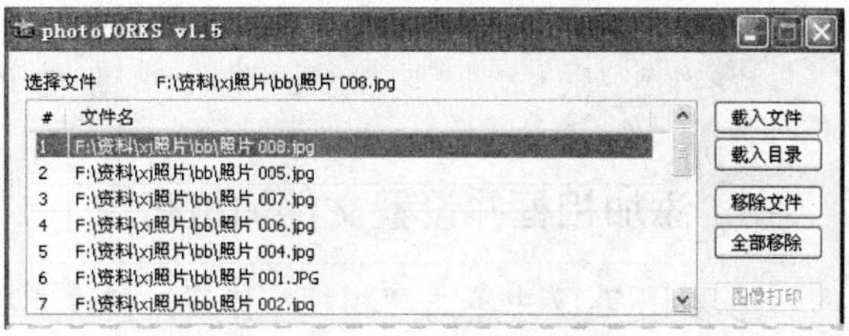

图 7-10

图 7-11

2. 改变图片尺寸

① 在图 7-10 中选中所有图片（可按快捷键 Ctrl + A），然后单击"调整尺寸"标签，在该选项卡中选中"调整长轴"复选框，并且将"长度"设置为 320 像素，如图 7-12 所示。

② 另一轴的长度选择默认选项设置，即长度由原图中长轴与其比例决定。 ■ 本步中，也可以设置另一轴的长度，即在图 7-12 中选中"图片纵向长度调整"复选框，然后将其长度设置为需要的尺寸即可。

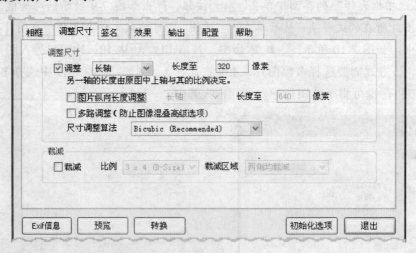

图 7-12

3. 添加相框并设置文件输出路径

① 在图 7-12 中单击"相框"标签，在该选项卡"相框"选项组的下拉列表中选择 4dir 选项，如图 7-13 所示。

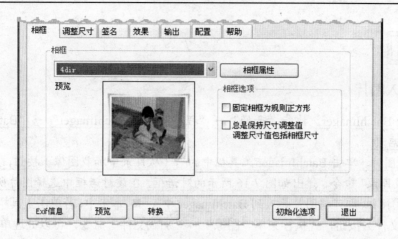

图 7-13

② 单击图 7-13 中的"输出"标签，如图 7-14 所示，在该选项卡中选择"保存在此目录"单选按钮，然后单击 浏览 按钮，选择输出文件保存的路径，再选中"在目录下生成子目录，然后保存"复选框。

图 7-14

③ 在图 7-14 中将"画质"选项组中的"文件类型"设置为 BMP。 ■ 本步中，若将图片设置为*.bmp 格式，则其图像质量为 100%输出，若将图片设置为*.jpg 格式，则需调整其图像质量。

④ 单击图 7-14 中的 转换 按钮，即可批量转换图片。

任务三 使用 BatchImager 批量处理图片

任务说明

本任务主要学习使用 BatchImager 为图片批量添加邮票、底片、老照片效果，如图 7-15 所示。

操作步骤

1. 导入图片

① 启动 BatchImager。执行"开始"→"程序"→"BatchImager"→"BatchImager"命令，将其启动。

② 导入图片。单击 BatchImager 工具栏中的 ➷（从目录中加载图像）按钮，或执行"图像"→"加载目录"命令，弹出如图 7-16 所示的对话框，在该对话框中选择图片所在的目录，然后单击 确定 按钮，即可将图片导入到 BatchImager 中。■ 本步中，若单击工具栏中的 ➷（加载一个图像文件）按钮，或执行菜单"图像"→"加载文件"命令，可以处理单张图片。

图 7-15

图 7-16

2. 添加邮票、底片、照片效果

（1）将图片批量添加邮票效果

① 锁定图片。按快捷键 Ctrl + A，选中所有图片，然后单击工具栏上的 ▦（锁定选中的图像）按钮，或执行"图像"→"锁定所有"命令，将所有的图片锁定，如图 7-17 所示。

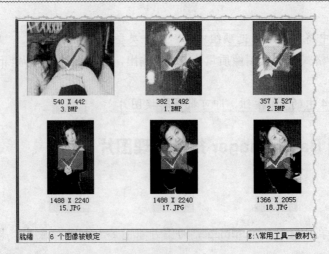

图 7-17

② 选择方案。在界面右侧的"选择处理方案"下拉列表中选择"邮票600×450"选项，如图7-18所示。

③ 编辑方案。单击〔编辑方案〕按钮，弹出如图7-19所示的对话框，在该对话框中单击"图像输出目录"后面的〔…〕按钮，选择图像输出的路径，设置完成后单击〔保存〕按钮，即可改变图像的输出路径。■ 本步中，默认情况下，BatchImager 将图片批量输出到名为 temp 的文件夹下。

④ 单击〔执行批量处理〕按钮，弹出如图7-20所示的对话框，在该对话框中单击〔开始〕按钮，即可为图片批量添加邮票效果，添加邮票后的效果如图7-15所示。

图 7-18

图 7-19

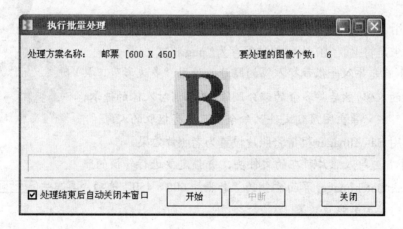

图 7-20

（2）将图片批量添加底片效果

① 在图7-18中选择"底片600×450"选项，然后单击〔编辑方案〕按钮，修改图片输出路径。

② 设置完成后，单击〔执行批量处理〕按钮，弹出如图7-20所示的对话框，然后单击〔开始〕按钮，即可为图片批量添加底片效果，如图7-21所示。

（3）将图片批量添加老照片效果

① 在图7-18中选择"老照片600×450"选项，然后单击〔编辑方案〕按钮，修改图片输出路径。

② 设置完成后，单击〔执行批量处理〕按钮，弹出如图7-20所示的对话框，然后单击〔开始〕按钮，

即可为图片批量添加老照片效果，如图 7-22 所示。

图　7-21　　　　　　　　　　　　　　图　7-22

课堂练习

（1）使用"轻松换背景"抠取照片中的人像，效果如图 7-23 所示。具体要求是将抠取出的人像单独保存为*.png 格式。

【提示】首先导入一张带有人像的照片，使用"多边形"工具抠出照片中的人像，然后将多余的部分删除，并取消对人像的选取，执行"图层"→"导出图层到文件"命令，只保存抠取的人像。

（2）使用 BatchImager 批量将照片设置为老照片效果。

图　7-23

【提示】首先导入照片所在的文件夹，并锁定要进行转换的照片，然后单击 BatchImager 界面右侧的"老照片 600×450"选项，再单击 执行批量处理 按钮即可批量将照片转换为老照片效果。

知识拓展

对于拍摄的数码照片，其背景很复杂，必须抠取照片中的主体，但是对于背景接近纯色的照片来讲，要抠取其中的物体，相对来说就很简单，下面对其进行讲解。

如何抠取纯色背景中的人物？

① 将要抠取人像的照片导入到"轻松换背景"中。

② 单击工具箱左侧的 （创建一个复杂选择区域）按钮，在弹出的对话框中单击"单色幕去背法"按钮，然后单击工具箱中的 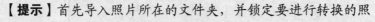（吸管）按钮，在照片的背景上单击吸除背景。

③ 若人像中有的部分与照片背景的颜色相同或相近，此时也会被吸除，则可单击工具箱中的 ✎（笔刷）按钮，将人像中吸除部分的颜色添加上。

课后练习

1．填空题

（1）在选取轮廓时应注意两点：一是通过鼠标滚轮_____图片，以提高精度；二是尽量靠内一点，以使其不选到背景。

（2）抠取人像后，若要将其保存为透明背景，可执行"图层"→"_____"命令。

2．选择题

（1）在 BatchImager 中执行"图像"→"_____"命令，将所有的图片锁定。

    A．锁定所有　　　　B．锁定选中的图像　C．解除锁定　　　　D．输出图像

（2）在抠取纯色背景照片中的人像时，单击工具箱中的_____按钮，在照片的背景上单击吸除背景。

    A．▢（自由变形）　B．▨（多边形）　　C．✎（笔刷）　　　D．✎（吸管）

3．操作题

（1）使用"轻松换背景"抠取背景接近纯色的照片中的物体。

（2）使用"相框大师"批量缩小图片。

项目八　图像制作工具

任务一　使用"大头贴制作系统"制作大头贴

任务说明

    本任务使用"大头贴制作系统"制作大头贴，效果如图 8-1 所示。具体要求为将 10 张照片制作成大头贴，该大头贴中包括双胞胎、水中影效果、为照片添加背景、花边和表情等效果。

操作步骤

1．插入照片

① 选择组合模式。在"大头贴制作系统"界面右上方选择照片的组合模式，如图 8-2

所示是选择"组合 C"单选按钮后的效果。　■ 本步中，图 8-2 中的白色区域是插入照片的存储位置。

图 8-1

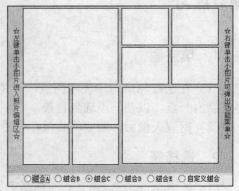

图 8-2

② 调入照片。右击如图 8-3 所示的按钮，弹出如图 8-4 所示的对话框，在该对话框中选择一张照片，然后单击 [确定] 按钮，即可将照片调入主界面左侧的"人像操作区"窗口，如图 8-5 所示。　■ 本步中，若在图 8-6 上右击，则可隐藏默认的花边，隐藏花边后如图 8-7 所示。

图 8-4

图 8-3

图 8-5

图 8-6

图 8-7

2. 添加花边

① 在图 8-8 中右击，弹出如图 8-9 所示的对话框，在该对话框中选择一种花边。　■ 本步中，若在"是否开启页面记录功能"选项组中选择"开启"单选按钮，则可在图 8-9 中选择不满意的花边后，要将其修改，那么图 8-9 所示的对话框将自动切换到上次所选花边的页面。

② 添加花边后的效果如图 8-10 所示。　■ 本步中，若人像与添加的花边位置不对应，可调整人像的位置。

图 8-8　　　　　　　　　　　图 8-9　　　　　　　　　　　图 8-10

③ 单击操作区中的 ●（确认选取）按钮，如图 8-11 所示，将设置完成后的效果添加到照片编辑区，如图 8-12 所示。　■ 本步中，可在照片编辑区所添加的大头像上右击，在弹出的快捷菜单中选择"剪切"命令，然后在图 8-12 中所添加的大头像右侧的空白方格上右击，在弹出的快捷菜单中选择"粘贴"命令，将其移动到该位置，如图 8-13 所示。

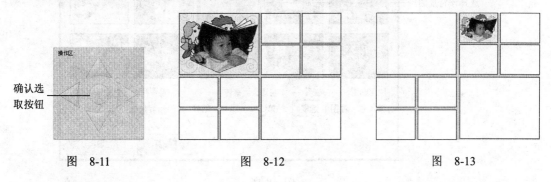

图 8-11　　　　　　　　　　　图 8-12　　　　　　　　　　　图 8-13

3. 添加背景

① 在图 8-14 中单击，弹出如图 8-15 所示的对话框，在该对话框中单击 导入图片 按钮，导入一张背景图。　■ 本步中，导入的背景图应和人像所在的背景图相似，由于本例中人像所在的背景是白色区域，所以导入的背景图是白色。

② 在图 8-15 中单击"人物进入"标签，然后单击 导入照片 按钮，导入一张照片，再单击

"背景底图"标签,在该选项卡中单击 选择背景 按钮,弹出如图 8-16 所示的对话框,在该对话框中选择一幅背景图,即可将其添加到图 8-15 的"背景底图"选项卡中。

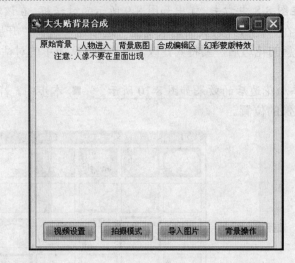

左键加入背景
右键加入表情

图　8-14　　　　　　　　　　　　　　图　8-15

选择该背景图 ——

图　8-16

③ 单击图 8-15 中的"合成编辑区"标签,即可看到人像与背景图的合成效果,如图 8-17 所示。

④ 在图 8-17 中单击 保存修改 按钮,即可将添加背景图后的人像添加到"人像操作区",然后单击操作区中的 ● (确认选取) 按钮,将其添加到照片编辑区,并在该区中移动其位置,如图 8-18 所示。

图 8-17

图 8-18

4. 添加双胞胎效果

① 按照添加背景的方法，为人像添加背景，并将其添加到"人像操作区"，如图 8-19 所示。

② 在"人像操作区"添加的人像上右击，在弹出的快捷菜单中选择"添加双胞胎特效"命令，弹出"双胞胎特效"窗口，在该窗口中调整人像的位置，然后单击 开始合成 按钮，合成双胞胎效果，如图 8-20 所示。

图 8-19

图 8-20

③ 在图 8-20 中单击 保存修改 按钮，将合成的双胞胎效果保存，然后单击操作区的 ▦ （确认选取）按钮，将其添加到照片编辑区。

5. 添加水中影效果

① 按照添加背景的方法，为人像添加背景，并将其添加到"人像操作区"，如图 8-21 所示。

② 在"人像操作区"添加的人像上右击，在弹出的快捷菜单中选择"添加水中影特效"命令，弹出"水中影特效"窗口，在该窗口中单击 开始合成 按钮，即可合成水中影效果，如图 8-22 所示。

③ 在图 8-22 中单击 保存修改 按钮,将合成的水中影效果保存,然后单击操作区的 （确认选取）按钮,将其添加到照片编辑区。

图 8-21   图 8-22

6. 添加表情

① 调入一张照片到"人像编辑区",然后在图 8-23 中右击,弹出如图 8-24 所示的对话框。

图 8-23   图 8-24

② 在图 8-24 中单击"人像"选项,弹出"加入表情"对话框,在该对话框中单击左侧"自带表情"列表中的 下一页 按钮,在要选择的表情上单击（如图 8-25 所示）,即可将其添加到人像上,然后移动所添加表情的位置。

③ 位置移动完成后双击表情以确认,然后继续添加下一个表情,表情添加完成后,单击 保存修改 按钮,进行保存,添加表情后的效果如图 8-26 所示。

④ 单击操作区的 （确认选取）按钮,将添加表情后的人像添加到照片编辑区。

⑤ 将所有效果均添加完成后的大头贴如图 8-1 所示。

选择该表情——

图 8-25   图 8-26

任务二　使用"轻松水印专业版"为照片添加水印

任务说明

　　本任务使用"轻松水印专业版"为照片添加水印，效果如图8-27所示。具体要求是为照片添加边框，并添加雕刻效果的水印。

图　8-27

操作步骤

1．在"轻松水印专业版"中添加照片

　　① 打开"轻松水印专业版"，在其界面左侧的树形结构中选择照片所在的文件夹，如图8-28所示。

　　② 选择完成后，在"文件"面板中将显示该文件夹下所有的照片，如图8-29所示。

　　图　8-28　　　　　　　　　　　　　　　　图　8-29

83

2. 在添加的照片上插入水印，并对其进行编辑

① 添加照片。在"轻松水印专业版"主界面的中央单击"水印库"标签，在其下拉列表中双击一种水印，如图 8-30 所示。 ■ 本步中，所选择的水印是雕刻效果。

② 输入水印名称。双击所选中的水印后，该水印将以 Sample 字样出现在照片的中央位置，然后在"水印编辑器"面板下面的文本框中输入要插入水印的名称，如图 8-31 所示。

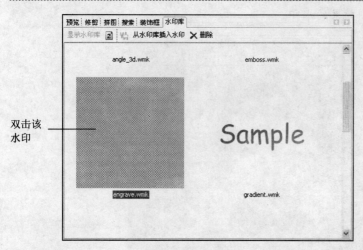

双击该
水印

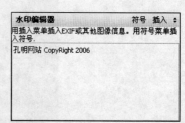

| 图 8-30 | 图 8-31 |

③ 设置水印位置。在"根据图片大小自动放置水印"面板中，将水印放在照片的中下方位置上，并将其垂直边距设置为 2%，将其大小设置为 80%，如图 8-32 所示。 ■ 本步中，可根据需要，自行调整水印的位置、大小等。

④ 在"格式"工具栏中，将水印的字体设置为"文鼎行楷碑体"，然后单击 U （下划线字体）按钮，给水印添加下划线。设置完成后，其效果如图 8-33 所示。 ■ 本步中，可根据需要，自行设置水印的样式，如设置为加粗、倾斜等样式。

单击该按钮使水印位于
照片中下方位置

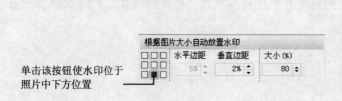

| 图 8-32 | 图 8-33 |

⑤ 添加装饰框。在图 8-30 中单击"装饰框"标签，在其下拉列表中双击选择的装饰框（如图 8-34 所示），该装饰框将自动添加到照片中，效果如图 8-27 所示。 ■ 本步中，在选择装饰框时应注意：要选择纹理不是特别明显的装饰框，否则将不能突出水印。

⑥ 保存。执行"文件" → "保存当前图片"命令，或按快捷键 Ctrl + S ，将添加水印的照片保存。

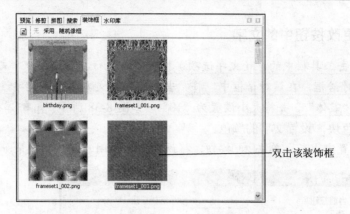

图 8-34

任务三 使用 Crystal Button 制作水晶按钮

任务说明

　　本任务制作水晶按钮，效果如图 8-35 所示。具体要求是制作结冰效果的水晶按钮，其名称为"确定"。

操作步骤

1. 选择水晶按钮模板

　　① 启动 Crystal Button。执行"开始"→"程序"→Crystal Button→Crystal Button 命令，将其启动。

　　② 在 Crystal Button 界面右侧的"模板库"面板中单击"平滑"标签，在该选项卡下面选择"结冰的玻璃"选项，然后再选择"主页"选项，如图 8-36 所示。

　　③ 选择完成后，在 Crystal Button 的主界面中，将出现所选择的水晶按钮模板，如图 8-37 所示。

图 8-35　　　　　　　　　　图 8-36　　　　　　　　　　图 8-37

2．更改按钮中的文字

① 单击工具栏中的 ✎（文字选项）按钮，或执行"窗口"→"文字"命令，弹出"文字选项"对话框，在该对话框中，将"当前按钮"文本框中的文字设置为"确定"，将字体设置为"宋体"，并将大小设置为"10"，如图 8-38 所示。 ■ 本步中，可单击"颜色"下面的颜色块，设置文字的颜色。

② 设置完成后，单击 关闭 按钮，将该对话框关闭，其按钮效果如图 8-39 所示。

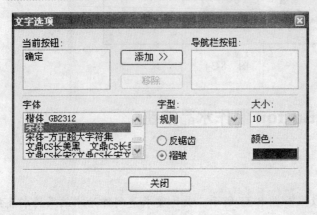

图 8-38   图 8-39

3．更改按钮的形状

① 单击工具栏中的 ⌂（形状选项）按钮，或执行"窗口"→"形状"命令，弹出"形状选项"对话框，在该对话框中选择如图 8-40 所示的形状。 ■ 本步中，可选中"水平翻转"或"垂直翻转"复选框，将水晶按钮的形状水平或垂直翻转。

② 单击 关闭 按钮，将"形状选项"对话框关闭，按钮更改形状后的效果如图 8-41 所示。

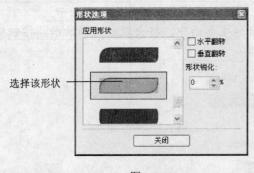

图 8-40   图 8-41

4．更改按钮的阴影

① 单击工具栏中的 ▦（阴影选项）按钮，或执行"窗口"→"阴影"命令，弹出如图 8-42 所示的对话框，在该对话框中，单击"颜色"后面的颜色块，弹出"颜色"对话框，

在该对话框中单击灰色的颜色块，然后单击其右侧的颜色条，使灰度加深，如图 8-43 所示。

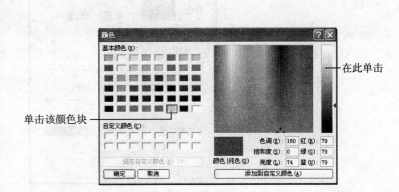

图　8-42　　　　　　　　　　　　　　　　　　　图　8-43

② 将颜色设置完成后，单击图 8-43 中的 确定 按钮，返回到图 8-42 中，在该图中选择下拉列表中的"文字阴影"选项，如图 8-44 所示，在该图中取消选中"允许阴影"复选框。

③ 设置完成后，单击 关闭 按钮，将"阴影选项"对话框关闭。阴影设置完成后的效果如图 8-45 所示。

图　8-44　　　　　　　　　　　　　　　　　　图　8-45

5. 更改按钮的照明效果

① 单击工具栏中的 ▽（灯光选项）按钮，或执行"窗口"→"灯光"命令，弹出如图 8-46 所示的对话框，在该对话框中分别拖动"灯源 #1"和"灯源 #2"的"旋转"和"前面－后面"选项下方的"△"按钮，设置灯源的位置和面积。　■ 本步中，"旋转"选项用于设置灯源的方向；"前面－后面"选项用于设置灯源的面积。

② 设置完成后，单击 关闭 按钮，将"灯源选项"对话框关闭。设置灯源后的按钮效果如图 8-35 所示。

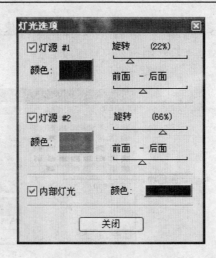

图　8-46

6. 导出图像

① 单击工具栏上的▥（导出图像）按钮，或执行"导出按钮图像"命令，弹出如图 8-47 所示的对话框，在该对话框的"文件名"文本框中输入图像的名称，然后在"保存类型"下拉列表中选择"Bitmap（*.bmp）"选项。

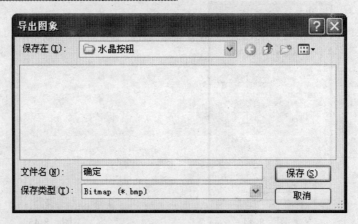

图　8-47

② 设置完成后，单击保存按钮即可。

课堂练习

（1）使用"轻松水印专业版"为图片制作水印，效果如图 8-48 所示。具体要求是将水印制作成浮雕的效果。

【提示】首先选择要添加水印的图片，然后在水印库中选择"emboss.wmk"格式的水印，选择完成后修改水印的文本内容、字体和位置即可。

（2）使用 Crystal Button 制作水晶按钮，效果如图 8-49 所示。具体要求是水晶按钮为金黄色，名称为"取消"。

图　8-48　　　　　　　　　　　　　图　8-49

【提示】首先在 Crystal Button 界面右侧单击"平滑 #2"标签，在该选项卡下面选择"金黄色"选项中的"提交"选项作为模板，然后修改模板按钮上的字体，接着再修改其阴影、形状和照明效果即可。

知识拓展

在使用"轻松水印专业版"制作水印时，还可以插入除水印库以外的内容，下面进行讲解。

在"轻松水印专业版"中还可以插入哪些内容？

在"轻松水印专业版"中，除了为图片添加文字效果的水印外，还可以插入图像效果的水印。此外，还可以为图片添加日期、文字、给图片批量改名等。

课后练习

1．填空题

（1）单击操作区的_____按钮，可将"人像操作区"中的效果添加到"照片编辑区"。

（2）在 Crystal Button 中，为水晶按钮添加照明效果时，"旋转"选项用于设置灯源的_____；"前面－后面"选项用于设置灯源的面积。

2. 选择题

（1） 在"大头贴制作系统"中，制作双胞胎特效时，在"双胞胎特效"窗口中单击_____按钮，可以合成双胞胎效果。

    A. 确定   B. 保存合成   C. 开始合成   D. 保存修改

（2）在 Crystal Button 中，修改水晶按钮的形状时，在"形状选项"对话框中选中_____复选框，可将水晶按钮的形状水平翻转。

    A."垂直翻转"   B."水平翻转"   C."允许阴影"   D."导出图像"

3. 操作题

（1）使用"轻松水印专业版"为图片添加水印。

（2）使用 Crystal Button 制作水晶按钮。

模块四　动画制作工具

本模块要点

● 使用 SwishMax 制作二维文字动画
● 使用 Cool 3D 制作三维文字动画
● 使用"霓虹灯花式自动生成器"制作霓虹灯
● 使用 Swift 3D 制作动画
● 使用 PhotoFamily 制作电子相册
● 使用"魅力四射"制作幻灯片

项目九　文字动画制作工具

任务一　使用 SwishMax 制作二维文字动画

任务说明

本任务制作二维文字动画，效果如图 9-1 所示。具体要求是将文字制作为"波浪"的动画效果，然后保存并导出动画。

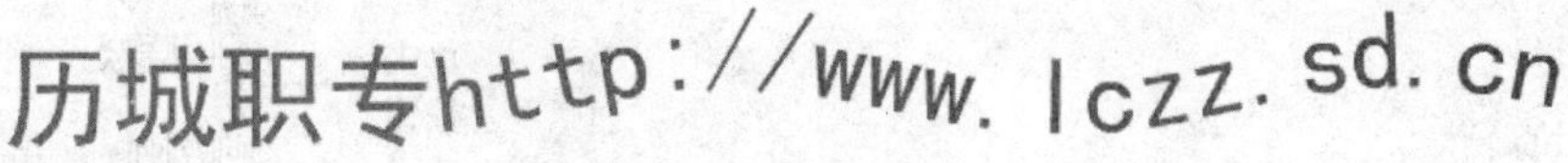

历城职专http://www.lczz.sd.cn

图　9-1

操作步骤

1. 输入文字并设置属性

① 当 SwishMax 启动后，弹出"你想要做什么？"窗口，在该窗口中单击 开始新建一个空影片 按钮，新建一个空白文档。

② 在主界面右侧的"影片"面板中单击"影片"标签，将影片的"宽度"设置为 800 像素、"高度"设置为 600 像素，其他选项按照默认设置。

③ 单击 SwishMax 主界面中"版面：Scene 1"标签左侧"工具"面板中的 T（文本）

按钮，当鼠标指针将变为"十T"形状时，在空白文档中单击并进行拖动，将出现一个带有"文本"字样的文本框，如图 9-2 所示。

④ 在主界面右侧"文本"面板的"文本"选项卡中修改文本的内容并设置其字体，如图 9-3 所示。设置完成后，文本框中的文本如图 9-4 所示。　■ 本步中，在"文本"选项卡的文本框中输入要制作二维动画的文本，然后选择字体和字号，在字号后面的颜色块中将文字的颜色设置为红色。

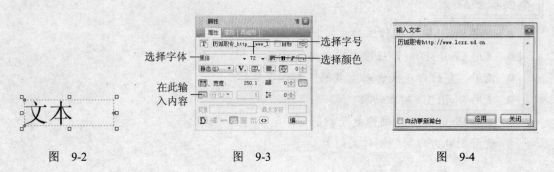

图 9-2　　　　　　　　　　图 9-3　　　　　　　　　　图 9-4

⑤ 单击 SwishMax 主界面中"版面：Scene_1"标签左侧"选项"面板中的按钮，图 9-4 文字周围的小方块将变为"⊠"形状，如图 9-5 所示。将鼠标指针置于"⊠"上，当鼠标指针将变为"↔"形状时，拖动鼠标，使文字在一行显示，如图 9-6 所示。

⑥ 在图 9-3 中单击"排列"标签，如图 9-7 所示，单击"排列相对于"下拉列表，将其设置为"进程"，然后单击"排列"下面的昌（水平居中排列）按钮，使文字在影片中水平居中对齐。

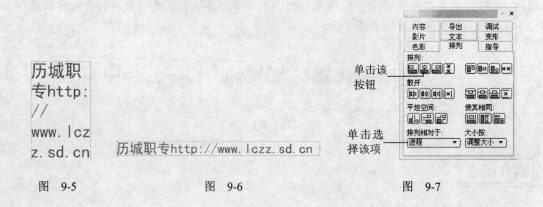

图 9-5　　　　　　　　　图 9-6　　　　　　　　　图 9-7

2. 添加文字效果并导出为*.swf 文件

在 SwishMax 中添加动画效果，使文字能够产生动画，然后将添加的动画效果保存并导出为*.swf 文件。

① 单击时间轴上的（添加效果）按钮，在弹出的菜单中选择"回到起始"→"下跌并恢复"命令，即可为文字添加所选择的动画效果。　■ 本步中，若添加了不满意的效果，可以单

击时间轴上的 删除效果 按钮，将不满意的效果删除，然后再重新添加动画效果。

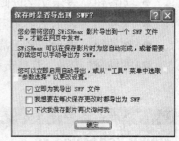

② 单击"控制"工具栏上的 ▶ （播放影片）按钮或按快捷键 Ctrl + Enter ，预览添加的动画效果。 ■ 本步中，若要停止预览动画效果，可单击 ■ 按钮或按快捷键 Ctrl + Shift + Enter 。

③ 单击工具栏上的 🔲 按钮或按快捷键 Ctrl + S ，将文件保存，保存后弹出如图 9-8 所示的对话框，在该对话框中单击 确定 按钮，即可生成*.swf 文件，最终效果如图 9-1 所示。
■ 本步中，也可执行"文件"→"导出"→"SWF"命令或按快捷键 Ctrl + E ，将文件导出为*.swf 文件。

图　9-8

任务二　使用 COOL 3D 制作三维文字动画

任务说明

　　本任务制作三维文字动画，效果如图 9-9 所示。具体要求是使文字动画产生钟摆效果，并使用太极图和文字进行互换。

图　9-9

操作步骤

1. 在 COOL 3D 中插入需要制作成三维动画的文字

① 启动 COOL 3D。执行"开始"→"程序"→Ulead COOL 3D 3.5→Ulead COOL 3D 3.5 命令，启动 COOL 3D。

② 在 COOL 3D 的主界面中执行"编辑"→"插入文字"命令或按快捷键 F3 ，也可单击主界面左侧"对象工具栏"中的 🖾 （插入文字）按钮，弹出"Ulead COOL 3D 文字"对话框，在该对话框的文本框中输入文字，并设置文字的字体、字号等属性，如图 9-10 所示。 ■ 本步中，图 9-10 所示的对话框中，按钮的作用分别如下所示。

- **I** 按钮　表示文字以倾斜的效果显示。
- **B** 按钮　表示文字加粗显示。
- ▥ 按钮　表示文字正常显示。
- 其他(M) >> 按钮　若单击该按钮，则可插入其他字符，如图 9-11 所示。

图　9-10　　　　　　　　　　　　　　　　　图　9-11

③ 在图 9-10 中单击 确定 按钮，即可将输入的文字插入到 COOL 3D 的场景中，如图 9-12
所示。　■ 本步中，若需要对插入的文字进行修改，
则执行"编辑"→"编辑文字"命令或按快捷键 F4，
也可单击"对象工具栏"中的 ᴱ（编辑文字）按钮，
对文字进行编辑。

2. 设置文字特效

① 为文字设置"钟摆"效果动画。单击百宝箱中
"对象特效"选项列表前面的"⊞"，将其展开，在其
列表中选择"路径动画"选项，在右侧面板中双击"钟
摆效果"，如图 9-13 所示。此时，场景中的文字便应

图　9-12

用了该效果，如图 9-14 所示。　■ 本步中，还有另外一种常用方法给文字添加特效，即选
中"百宝箱"中的文字特效（如图 9-13 中的"钟摆"效果），并将其拖动至场景中的文字
上即可。

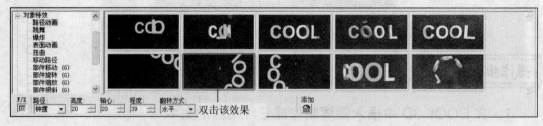

图　9-13

② 设置"钟摆"效果的各项参数。按照图 9-15 所示，设置钟摆的各项参数。　■ 本
步中，图 9-15 中的各参数作用如下。

- ▥ 按钮　用于添加/删除效果。当该按钮处于按下状态时，表示添加效果；若处于
  弹起状态，则表示删除效果。
- 路径　在其下拉列表中可以选择文字特效，本例选择"钟摆"效果。

图　9-14

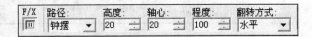

图　9-15

- 高度　用于设置钟摆的起始高度。
- 轴心　用于设置钟摆的轴心，其值范围是 1～100。
- 程度　用于显示钟摆的移动程度，其值范围是 0～32700。若值为 100，表示移动一圈。
- 翻转方式　用于设置文字的翻转方式，即水平或垂直，也可以不进行翻转。

3. 插入对象并设置对象特效

① 插入对象。展开"百宝箱"中"工作室"选项列表前面的"＋"，在其列表中选择"对象"选项，然后在其右侧的对象列表中双击如图 9-16 所示的"太极图"，将其添加到场景中，添加完成后如图 9-17 所示。

双击该对象

图　9-16

图　9-17

② 设置对象特效。单击"百宝箱"中"转场特效"选项列表前面的"＋"，将其展开，在其列表中选择"跳跃"选项，然后选择如图 9-18 所示的转场特效。

双击该效果

图 9-18

③ 设置参数。按照图 9-19 所示，设置各项参数。首先取消选中"使用原对象"复选框，然后单击"目标"下面的 T 按钮，并按照图 9-20 所示，在对话框中输入文字并设置其字体。 ■ 本步中，使用新插入的对象（即输入的文字"孔明网站"）在原始对象（即图 9-16 插入的图形）上跳跃。

图 9-19   图 9-20

④ 在图 9-19 中选中"颠倒"复选框，然后分别设置"程度"、"反弹"和"起始位置"的参数，接着将"方向"设置为"下"，"动作顺序"为"往前"。

⑤ 若图 9-16 中插入的对象在旋转的过程中压住了图 9-14 中的钟摆效果文字，可使用工具栏中的 ◎（移动对象）工具移动插入的对象，使其与钟摆效果的文字岔开。

⑥ 单击"动画"工具栏中的 ◎（循环模式打开/关闭）按钮，将动画设置为循环播放，并将帧数目设置为 30，其他采用默认项，如图 9-21 所示。

单击该按钮   设置总帧数为 30

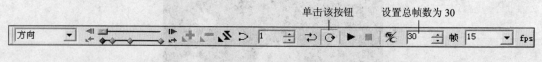

图 9-21

⑦ 预览动画。单击"动画"工具栏中的 ▶（播放）按钮，预览动画，其效果如图 9-9 所示。

4. 发布文字动画

① 发布为*.swf 文件。执行"文件"→"导出到 Macromedia Flash"→"用 Bitmap"命令，弹出如图 9-22 所示的对话框，在该对话框中输入文件保存的名称，然后取消选中"透明背景"复选框。

② 设置完成后，单击 保存 按钮，将制作的文字动画导出为*.swf 文件。

课堂练习

（1）制作"圆形轨道"效果的二维文字动画，效果如图 9-23 所示。具体要求是将文字设置为"欢迎登录孔网站"字样。

图 9-22

图 9-23

【提示】将影片的"宽度"和"高度"分别设置为 400 像素和 300 像素，然后单击 T 按钮，在影片上添加文字，并将其内容设置为"欢迎登录孔明网站"字样，字体设置为"创仪简行楷"，字号为 36，颜色为蓝色，并使文字在影片中水平、垂直居中对齐。设置完成后，单击时间轴上的"添加效果"→"连续循环"→"圆形轨道"命令即可。

（2）制作光晕的三维文字动画，效果如图 9-24 所示。具体要求为将文字设置为部件移动并光晕的效果。

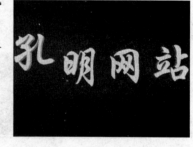

图 9-24

【提示】单击 按钮添加文字"孔明网站"，将字体设置为"华文行楷"、字号为 36；在"百宝箱"中将文字设置为部件移动的效果，并添加光晕效果。

课后练习

1．填空题

（1）在 SwishMax 中，单击_____按钮，使文字在影片中水平居中对齐。

（2）在 COOL 3D 中，*I* 按钮表示文字以_____的效果显示；*B* 按钮表示文字_____显示；▥ 按钮表示文字_____显示。

2．选择题

（1） 按钮的作用是_____。

A．移动对象　　B．播放动画　　C．动画循环播放　　　D．插入文字

（2）○按钮的作用是_____。

    A．播放动画   B．移动对象   C．插入文字   D．动画循环播放

（3）在 COOL 3D 中，若选中"透明背景"复选框，则导出的*.swf 文件的背景显示为_____。

    A．白色   B．黑色   C．原动画颜色   D．透明

3．操作题

（1）使用 SwishMax 制作二维文字动画。

（2）制作一个三维效果的文字动画。

项目十　霓虹灯和三维动画制作工具

任务一　使用"霓虹灯花式自动生成器"制作霓虹灯花式

任务说明

    本任务使用"霓虹灯花式自动生成器"制作霓虹灯的花式，效果如图 10-1 所示。具体要求是文字主题是"欢迎登录历城职专"，围绕该主题，添加静态标志和动态图案。

图　10-1

操作步骤

1．设置文字标题

    ① 在左侧面板的"标题参数"选项组中输入标题，如图 10-2 所示，然后单击字体后面的▾按钮，弹出如图 10-3 所示的对话框，在该对话框中单击 是 按钮，将调用本地计算机上的所有字体，然后选择一种字体（如"黑体"）并设置字体大小和字间距，取消选中"粗体"和"启用标志"复选框，其他选项按照默认设置即可。

    ② 标题设置完成后，取消选中预览窗口下方的"锁定各物件"复选框，如图 10-4 所示，移动预览窗口中的标题使其居中显示，移动完成后的效果如图 10-5 所示。■ 本步中，可在图 10-6 中设置标题的颜色。

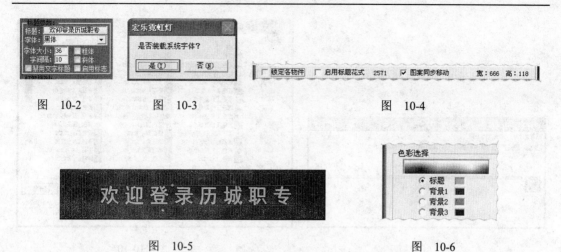

图 10-2   图 10-3   图 10-4

图 10-5   图 10-6

2. 确定灯管数量并设置速度

① 在左侧面板"灯管排列"选项组将"行数"设置为 3、"列数"设置为 50、"色数"设置为 2，其他选项按照默认进行设置，如图 10-7 所示。 ■ 本步中，列数数量越多，给人的感觉越细腻、越连贯。

② 在"速度"选项中将灯管每步移动的时间设置为 5 毫秒，如图 10-8 所示。

图 10-7   图 10-8

3. 设计静态标志

① 单击工具栏上的 ▨（静态标志）按钮，弹出图 10-9 所示的对话框，在该对话框中执行"删除"→"删除最后一个标志"命令，将第 2 个标志删除，然后单击 ▣（打开）按钮，弹出如图 10-10 所示的对话框。 ■ 本步中，标志给人的感觉比较严肃，一般都不闪烁。标志的个数不受限制，可以放在显示屏幕的任意位置。

② 在图 10-10 中选择一个标志后单击 打开 按钮即可将所选择的标志添加到图 10-9 中，如图 10-11 所示。

③ 在图 10-11 中单击 ▢（新建）按钮，添加第 2 个空白标志，然后单击 ▣（打开）按钮，在图 10-11 中再添加一个"蓝色雪花"标志，添加完成后如图 10-12 所示。

④ 将图 10-12 的"静态标志设计窗"关闭，静态标志将自动添加到预览窗口中，再移动其位置使这 2 个静态标志分别位于标题的首尾两侧，如图 10-13 所示。

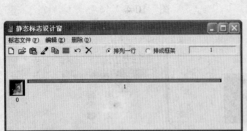

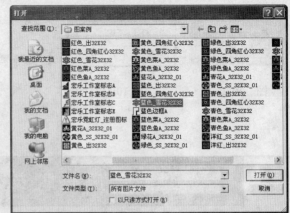

图 10-9   图 10-10

图 10-11   图 10-12

图 10-13

4．设计动态图案

① 单击工具栏上的◎（动态图案）按钮，弹出如图 10-14 所示的对话框，在该对话框中单击✕（全部删除）按钮，将默认的动态图案全部删除。

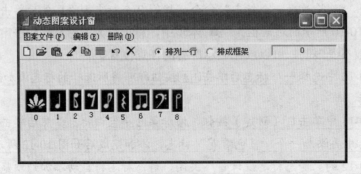

图 10-14

② 单击图 10-14 中的▯（新建）按钮，新建一个空白图案，然后单击▣（打开）按钮，

弹出如图 10-10 所示的对话框，在该对话框中选择"红花 A 32×32 01"选项，将其添加
到新建的空白图案中，然后再单击□按钮，添加第 2 个空白图案，接着单击□按钮，在弹
出的对话框中选择"黄花 A 32×32 01"选项。按照上述方法依次添加"蓝花"、"绿花"、
"青花"和"洋红花"，一共添加 17 个，如图 10-15 所示。

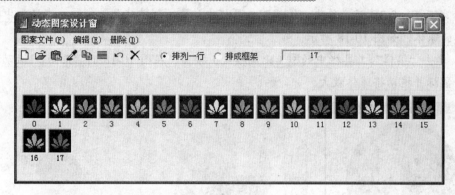

图　10-15

③ 添加图案的同时，也将会添加到预览窗口中，然后在预览窗口中移动图案的位置，
移动完成后的效果如图 10-16 所示。

图　10-16

5. 选择花式

① 在"基本花式版"和"编程版"中单击 全清 按钮，将"编程版"中的所有花样式删除。
② 在"基本花样式"下面的列表中选择花样式，然后单击→按钮将其添加到"编程版"
中，若选择花样式后，想将其删除，可单击←按钮。　■ 本步中，最简单的是"全选"，
但这样设计出来的效果个性不强，最好选择多个不同的方案进行调试。
③ 设置完成后，其效果如图 10-1 所示。

任务二　使用 Swift 3D 制作三维动画

任务说明

本任务使用 Swift 3D 制作旋转的地球动画，效果如图 10-17 所示。具体要求是首先
添加一个球体，然后为该球体添加地图效果的材质并添加自转效果的动画。

操作步骤

1．建模

① 打开 Swift 3D 后，单击"编辑"工具栏中的 （创建球体）按钮，在场景中将出现所创建的球体，如图 10-18 所示。

② 单击"编辑"工具栏中的 （比例模式）按钮，在图 10-18 的"正面 - 活动"视图中单击鼠标并拖动将球体放大。

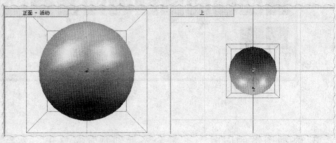

图 10-17   图 10-18

2．添加材质

① 在图库工具中单击"Bitmap"标签，如图 10-19 所示。在该选项卡中单击提供的材质，将其拖动到图 10-18 中"正面 - 活动"视图的球体上。

② 添加完成后的效果如图 10-20 所示。

图 10-19   图 10-20

3．设置动画

① 在图库工具中单击 （显示动画）按钮，然后在其右侧面板中单击图 10-21 中的动画效果，单击并按住鼠标，将其拖动到图 10-20 的"正面 - 活动"视图中。

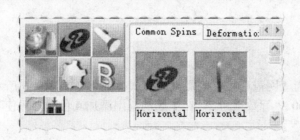

图 10-21

② 添加完成后，可单击时间轴下面的 ▶ （播放）按钮，预览动画效果。

4．输出

① 单击 Swfit 3D 窗口上方的"预览和导出编辑器"标签，在其"输出选项"选项组单击 光栅 按钮，然后在"目标文件类型"下拉列表中选择"Flash 播放器（SWF）"选项，如图 10-22 所示。

② 在图 10-22 界面右侧窗口中单击 生成所有帧 按钮，即可对动画进行渲染，如图 10-23 所示。

图 10-22

图 10-23

③ 渲染完成后，如图 10-24 所示。单击窗口右侧的 导出所有帧 按钮，弹出如图 10-25 所示的对话框，在该对话框中输入保存为*.swf文件的名称，单击 保存 按钮即可。

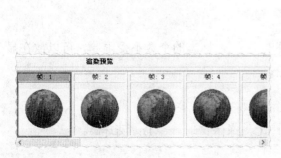

图 10-24

图 10-25

103

课堂练习

（1）制作主题为"网冠科技"的霓虹灯花式，效果如图 10-26 所示。具体要求是霓虹灯管的"列数"为 60、"行数"为 2，在主题的周围添加 4 色彩灯，使其与灯管闪烁的速率一致。

图　10-26

【提示】启动"霓虹灯花式自动生成器"后，将标题设置为"网冠科技"，字体为"方正行楷简体"，字体大小为 40、"间距"为 20、"行数"为 2、"列数"为 60、"色数"为 3、标题颜色为黄色，速度为 1 毫秒/步，将"基本花样式"中的选项全部添加到"编程版"，并启用"标题花样式"。

（2）使用 Swift 3D 制作三维效果的文字动画，效果如图 10-27 所示。具体要求是文字表面为金黄色并有立体效果，手动使该文字旋转 360°。

【提示】打开 Swift 3D 后，单击 按钮，创建文字并设置字体，然后为文字设置木质材质并启用动画模式，单击 按钮，在时间轴第 10 帧处单击，在"轨迹球"工具中将文字旋转 180°，然后在时间轴第 20 帧处单击，再将文字旋转 180°（即回到原位），最后将设计的动画输出为*.swf 格式。

图　10-27

课后练习

1．填空题

（1）![]按钮用于设计_____，![]按钮用于设计动态图案。
（2）若在 Swift 3D 中放大或缩小物体，可用_____按钮。

2．选择题

（1）标志给人的感觉比较严肃，一般都_____，标志的个数不受限制，可以放在显示屏幕的任意位置。

    A．闪烁   B．不闪烁

（2）![]按钮可创建_____。

    A．文字   B．立方体   C．球体   D．圆环

（3）![]按钮的作用是_____。

    A．显示动画   B．添加材质   C．设置环境   D．添加光源

3. 操作题

（1）制作一个霓虹灯的花式。

（2）制作一个三维效果的物体。

项目十一　电子相册与幻灯片制作工具

任务一　使用 PhotoFamily 制作电子相册

任务说明

　　本任务制作电子相册，效果如图 11-1 所示。具体要求是创建电子相册并为照片添加相框、信纸等各种效果，再为照片添加标题，为封面、封底设置图片，并为相册添加背景音乐，最后将电子相册生成*.exe 文件。

图　11-1

操作步骤

1. 创建相册

　　① 启动 PhotoFamily。执行"开始"→"程序"→"BenQ"→"PhotoFamily 3.0"命令，启动 PhotoFamily。

　　② 创建新相册柜。在 PhotoFamily 的主界面中执行"文件"→"新相册柜"命令或按

快捷键 [Ctrl]+[H]，创建新相册柜。此时，在 PhotoFamily 主界面左上方的"相册管理区"将出现如图 11-2 所示的相册柜。 ■ 本步中，相册柜是存储相册的容器，它可以存储多个相册。在 PhotoFamily 主界面的"缩略图"窗口中列出了相册柜中存储的所有相册，如图 11-3 所示。若存储的相册多于一页，则可单击"缩略图"窗口右下角的按钮进行翻页，如图 11-4 所示。

图 11-2

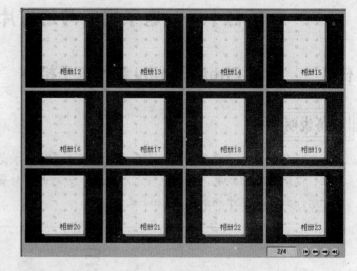

图 11-3

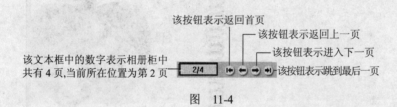

该按钮表示返回首页
该按钮表示返回上一页
该按钮表示进入下一页
该文本框中的数字表示相册柜中
共有 4 页，当前所在位置为第 2 页
该按钮表示跳到最后一页

图 11-4

③ 修改相册柜名称。新相册柜创建完成后，其默认名为"相册柜"（如图 11-2 所示），可单击该默认名，将其修改为其他名称，如"照片簿"。

④ 创建新相册。执行"文件"→"新相册"命令或按快捷键 [Ctrl]+[N]，创建新相册。此时，在"相册管理区"相册柜的下面将出现创建的新相册，缩略图窗口的第 1 个窗格中也将出现该新相册，分别如图 11-5 和图 11-6 所示。 ■ 本步中，若"相册管理区"的相册前面呈"📕"标志（即一本合着的书），则缩略图窗口的相册将是合着的书（如图 11-6 所示）；若单击相册管理区的"相册"按钮（📕），则该按钮将呈张开显示（即📖），表示显示相册里的内容（若也有照片存在，则在"缩略图"窗口中显示相册中的照片）。

⑤ 修改新相册名称。新相册创建完成后，其默认名为"相册 0"（如图 11-5 所示），单击并修改其默认名，也可在如图 11-6 所示的"缩略图"窗口中单击默认名"相册 0"，进行修改，如将相册名修改为"我的相册"。 ■ 本步中，相册的名称将出现在生成的电子相册封面中，如图 11-9 所示。

图 11-5   图 11-6

2．导入并编辑照片

① 导入照片。当相册处于打开状态时，执行"文件"→"导入图像"命令或按快捷键 Ctrl + I ，弹出"打开"对话框，在该对话框中选择要导入的照片，如图 11-7 所示，然后单击 打开 按钮，即可将图片导入到 PhotoFamily 的"缩略图"窗口中，如图 11-8 所示。■ 本步中，照片的名称将作为相册目录中的名称，如图 11-9 所示。若要修改其名称，则在"缩略图"窗口中选中要修改的照片，在其名称上单击，再输入新名称即可。

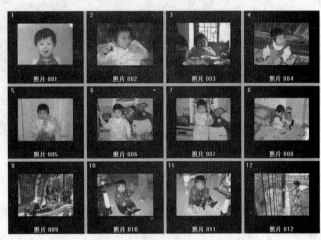

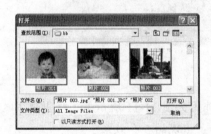

图 11-7   图 11-8

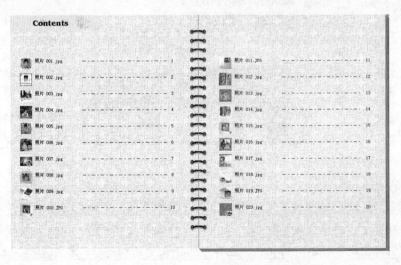

图 11-9

② 选择一张照片后，单击工具栏上的 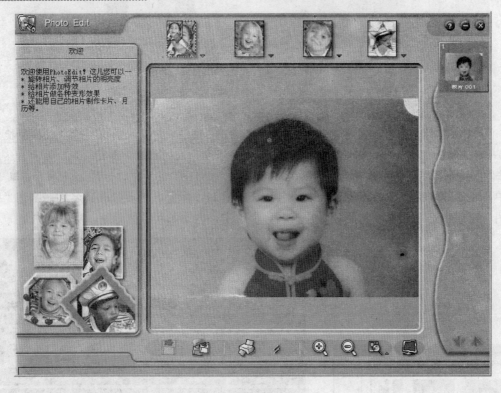（编辑）按钮或按快捷键 Ctrl + E ，切换到编辑界面，如图 11-10 所示。

图　11-10

③ 将鼠标指针放在编辑界面上方的 4 个按钮上（其作用如图 11-11 所示），将出现不同的效果，图 11-11 是将鼠标指针放在"趣味合成"按钮上出现的 5 个效果。

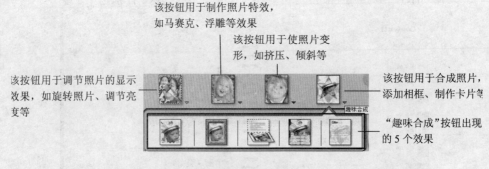

图　11-11

④ 根据图 11-11 中按钮的不同作用，为照片添加效果。例如，若要为照片添加相框，则将鼠标指针置于"趣味合成"按钮上，在弹出的效果上单击 （相框）按钮，此时，编辑界面的左侧将出现各种不同的相框，在其中选择合适的相框后，单击 应用 按钮，将其应用于所选照片，效果如图 11-12 所示。

图 11-12

⑤ 设置完成后，单击编辑界面底部的■（保存）按钮，将编辑后的照片保存。单击编辑界面中的▣按钮，切换到 PhotoFamily 的主界面中，在该界面中选择下一张照片，按照上述方法进行编辑即可。

⑥ 为图像添加注释。返回到 PhotoFamily 的主界面，在"缩略图"窗口中选择一幅照片，单击工具栏上的■（属性）按钮，将弹出"图像属性"对话框，在该对话框"注释"下面的文本框中输入文字，为照片添加注释，如图 11-13 所示。

⑦ 输入完成后，单击▰按钮，设置注释的字号和颜色，如图 11-14 所示。

⑧ 设置完成后，单击● ✔（确定）按钮。按照该方法为其他照片添加注释。

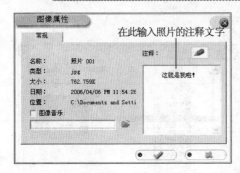

图 11-13

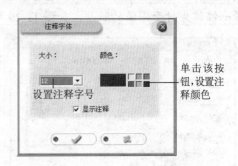

图 11-14

3. 设置相册属性

① 单击"相册管理区"中的■（相册柜）图标，返回到相册柜界面，在"缩略图"窗口选中新创建的相册（即"我的相册"），然后单击工具栏上的■（属性）按钮，打开"相册属性"对话框，该对话框中有 4 个标签，分别在各选项卡的下面设置相册的属性。

② 为相册添加背景音乐。在"常规"选项卡中选中"音乐"复选框，如图 11-15 所示，然后单击其下面的 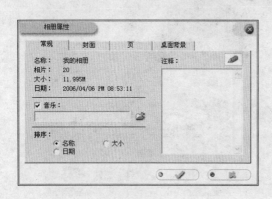（打开）按钮，将弹出如图 11-16 所示的对话框，在该对话框中单击 添加 按钮，在弹出的对话框中选择背景音乐，如图 11-17 所示。 ■ 本步中，PhotoFamily 所支持的音乐文件格式有 3 种，分别为*.mp3、*.wav 和*.mid。

图 11-15

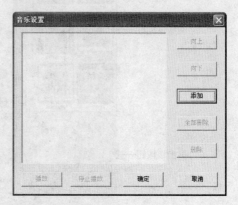

图 11-16

③ 选择完成后，单击 打开 按钮，在如图 11-16 所示的"音乐设置"对话框中将显示所选音乐文件的路径，然后单击 确定 按钮，在如图 11-15 所示的"相册属性"对话框中的"音乐"复选框下面将显示所选音乐的名称。

④ 设置封面属性。在"相册属性"对话框中单击"封面"标签，如图 11-18 所示。在该对话框中单击 （相册的封面图像）按钮，弹出"相册封面属性"对话框，在该对话框的"图像"选项卡中选择一幅作为封面图像的照片，如图 11-19 所示。

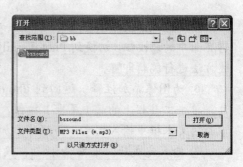

图 11-17

图 11-18

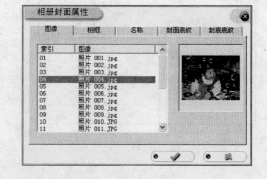

图 11-19

⑤ 为封面照片添加相框。在图 11-19 的对话框中单击"相框"标签，为封面照片添加一个相框，如图 11-20 所示。

⑥ 设置封面文字字体。在图 11-20 中单击"名称"标签，在该选项卡下面设置文字的

字体、字号和颜色，如图 11-21 所示。

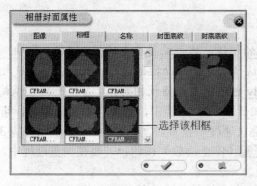

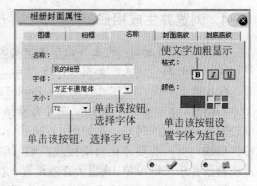

图　11-20　　　　　　　　　　　　　　　图　11-21

⑦ 设置封面背景。在图 11-21 中单击"封面底纹"标签，如图 11-22 所示，在该对话框中选择一幅封面的背景图。

⑧ 设置封底背景。在图 11-22 中单击"封底底纹"标签，在该对话框中为封底设置背景。例如，将封底背景设置为与封面相同的背景图。设置完成后，单击 ● ✔ （确定）按钮，返回到"相册属性"对话框，在该对话框中单击"页"标签，在该选项卡中，"图像排列"为"1×1"、在"页面背景"的下拉列表框中，选择相册内部页面的背景，如图 11-23 所示。 ■ 本步中，"图像排列"为"1×1"表示相册的每页中只显示一幅照片，也可以选择其他选项，如"2×1"表示每页中有 2 幅照片并排成 1 列显示。

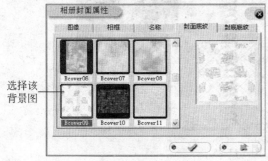

图　11-22　　　　　　　　　　　　　　　图　11-23

⑨ 在图 11-23 中单击"桌面背景"标签，弹出如图 11-24 所示的对话框，在该对话框中选择一幅图片作为桌面的背景图，也可以单击 ＋ 按钮，选择其他的图片。

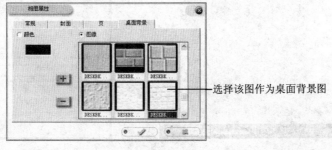

图　11-24

111

⑩ 设置完成后，单击 (● ✓) 按钮即可。

4．浏览并生成相册

① 在 PhotoFamily 的主界面中选中要浏览的相册，单击工具栏上的 (浏览) 按钮，将切换到相册浏览模式，如图 11-25 所示。默认情况下是手动操作进行浏览，若要浏览相册，在相册上单击，即可进行浏览。PhotoFamily 也可以自动播放相册，单击相册浏览模式上方的 (自动播放) 按钮，即可自动播放相册。 ■ 本步中，若要自动播放相册，可以设置自动播放的时间，在如图 11-26 所示的翻页速度中设置时间，如输入 3，表示每隔 3 秒钟播放一页；若要停止自动播放，则可单击 (停止播放) 按钮；若要在浏览过程中，播放背景音乐，则可单击 (音效设置) 按钮。

② 在 PhotoFamily 主界面的 "缩略图" 窗口中选择相册后，执行 "工具" → "打包相册" 命令或按快捷键 F9 ，弹出如图 11-27 所示的对话框，在该对话框的 "选项" 选项组中选中 "保存背景音乐数据" 和 "自动大小" 2 个复选框。

③ 在 "模式" 选项组中选择 "打包生成虚拟相册" 单选按钮，若要设置密码，则可选中 "密码保护" 复选框，然后输入密码。

图　11-25

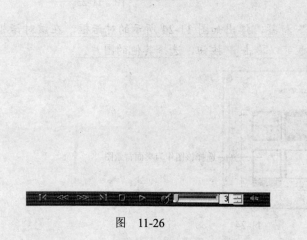

图　11-26

图　11-27

④ 单击"打包文件"选项组中"路径"选项后面的🌐（缩图浏览）按钮，弹出"选择目录"对话框，如图 11-28 所示。在该对话框中选择打包后的文件存放的路径，然后单击 选择 按钮，返回到如图 11-27 所示的对话框中，在该对话框"名称"选项后面的文本框中输入打包相册的名称，在"类型"下拉列表中选择生成的相册为*.exe 文件。

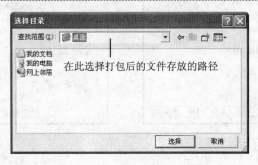

图　11-28

⑤ 设置完成后，单击 ● ✔ 按钮，即可将相册打包生成*.exe 文件。

任务二　使用"魅力四射"制作幻灯片

任务说明

　　本任务制作幻灯片，效果如图 11-29 所示。具体要求是为幻灯片添加转场、文字和遮罩等效果，然后将幻灯片输出为*.exe 文件。

图　11-29

操作步骤

1. 创建幻灯片并导入图片

　　① 启动"魅力四射"后，弹出如图 11-30 所示的对话框，在该对话框中选择"新建影片文件"选项，然后单击 下一步 按钮，弹出如图 11-31 所示的对话框。　■ 本步中，若要在

启动"魅力四射"时，不弹出幻灯片制作向导，可选中"每次启动不要显示本向导"复选框。

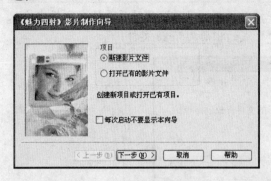
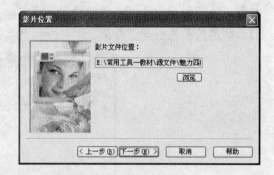

图　11-30　　　　　　　　　　　　　　　图　11-31

② 在图 11-31 中单击 浏览 按钮，弹出如图 11-32 所示的对话框，在该对话框中输入幻灯片保存的名称，然后单击 保存 按钮，即可将其保存路径添加到图 11-31 中"影片文件位置"下方的文本框中。

③ 导入图片。在图 11-31 中单击 下一步 按钮，弹出如图 11-33 所示的对话框，在该对话框中选择"导入目录"单选按钮，然后单击 立即导入 按钮，弹出如图 11-34 所示的对话框，在该对话框中选择要制作幻灯片的图片所在的文件夹，接着单击 确定 按钮，弹出如图 11-35 所示的对话框。

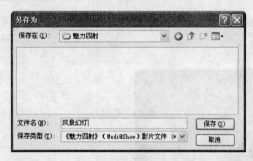

图　11-32　　　　　　　　　　　　　　　图　11-33

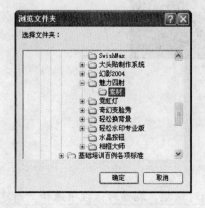

图　11-34　　　　　　　　　　　　　　　图　11-35

④ 为幻灯片设置背景音乐。在图 11-35 中，选中"循环播放"复选框，并选择"自动"单选按钮，设置完成后，单击 下一步 按钮，弹出"背景音乐"对话框，在该对话框中单击 浏览 按钮，选择声音文件，如图 11-36 所示。

⑤ 选择完成后，单击 下一步 按钮，弹出图 11-37 所示的对话框，在该对话框中单击 完成 按钮，即可将所选文件夹中的图片导入到"魅力四射"中，如图 11-38 所示。同时，在编辑窗口中也将出现所有的图片，如图 11-39 所示。 ■ 本步中，若图片没有自动添加到编辑窗口，可将图片拖动到编辑窗口中。

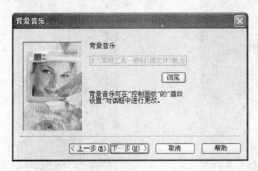

图　11-36　　　　　　　　　　　　　　　　　图　11-37

图　11-38

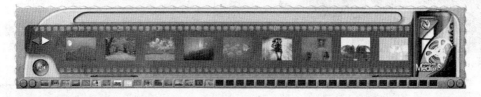

图　11-39

2. 添加幻灯效果

① 选择 1 幅图片后单击界面右侧的 （在"编辑"和"特效"模式之间切换）按钮，

切换到特效模式，如图 11-40 所示。

　　② 设置转场特效。单击█（转场特效）按钮，弹出如图 11-41 所示的对话框，在该对话框中拖动█按钮，选择图片的转场特效，在其下方的"预览"窗口中将看到对该图片所设置的效果。　■ 本步中，拖动▶━━━○━▶▶中的滑块，可以设置幻灯片产生转场特效的时间。

图　11-40　　　　　　　　　　　　　　　　　　　图　11-41

　　③ 图片的转场特效设置完成后，单击图 11-41 中的█（确定）按钮。
　　④ 设置文字特效。单击█（文字特效）按钮，在弹出的对话框中图片的下方输入文字，图片的中央位置也将出现输入的文字，拖动图片上的文字至图片底端，如图 11-42 所示。单击█（设置字体）按钮，弹出如图 11-43 所示的对话框，在该对话框中设置文字的字体、大小、间隔及颜色。

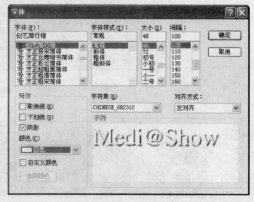

图　11-42　　　　　　　　　　　　　　　　　　　图　11-43

　　⑤ 将字体设置完成后，单击 确定 按钮，返回到图 11-42 中，在该图中单击█按钮。
　　⑥ 添加遮罩特效。单击图 11-40 中的█（遮罩特效）按钮，弹出如图 11-44 所示的对话框，在该对话框右侧面板中选择一种遮罩效果，然后单击左侧的█（预览）按钮，即可预

览选择的遮罩效果。

图 11-44

⑦ 设置完成后，单击☑按钮，返回到图 11-40 中，单击该图下方"编辑"窗口的第2 幅图片，按照上述方法为第 2 幅图片添加转场、文字和遮罩效果（也可任选其一），直至为最后一幅图片添加完成后，单击"编辑"窗口中的◉（播放按钮），即可预览制作的幻灯片。

3. 导出图片

① 单击☑（在"编辑"和"特效"模式之间切换）按钮，切换到编辑模式，在该界面中将鼠标指针移动到图 11-45 上，弹出图 11-46 所示的对话框。

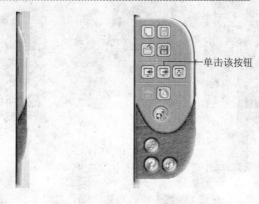

图 11-45　　　　　　图 11-46

② 在图 11-46 中单击☑（导出）按钮，弹出"导出"对话框，如图 11-47 所示，在该对话框中选择"随身演示文稿"单选按钮，然后单击 下一步 按钮，弹出如图 11-48 所示的对话框，在该对话框中选择文件输出的路径，接着单击 保存 按钮，即可将幻灯片输出为 *.exe 格式的文件。

117

图　11-47

图　11-48

课堂练习

（1）制作电子相册，效果如图 11-49 所示。具体要求是导入要制作电子相册的照片后，制作封皮、封底的效果，并导出为*.exe 格式。

【提示】打开 PhotoFamily 后，导入需制作成电子相册的照片，然后设置电子相册的背景、封皮、封底的效果。设置完成后，将其生成为*.exe 格式。

图　11-49

（2）制作幻灯片，效果如图 11-50 所示。具体要求是将图片导入后，添加转场和遮罩效果，并将生成的幻灯片输出为*.scr 格式。

图　11-50

【**提示**】打开"魅力四射"后，导入需制作成幻灯片的图片，在"编辑"窗口中为图片添加转场、遮罩等效果，添加完成后返回主界面，将其输出为*.scr 格式。

知识拓展

在使用 PhotoFamily 和"魅力四射"的过程中，还有需要注意的方面，下面进行讲解。

1．如何将照片设置为胶片效果

使用"魅力四射"中的变换效果功能将照片设置为胶片变换，其操作方法是：导入图片后，单击❑按钮，在弹出的列表中单击"胶片"样式即可。

2．PhotoFamily 制作的相册，在浏览过程中如何准确翻到某一页照片

在浏览相册的过程中，有两种方法可以准确翻到某一页照片。第一种方法是翻开目录页，该页中不但显示了所有照片的缩小图，而且每一幅照片目录都有链接，单击该链接，可立即切换到该照片，如图 11-51 所示，是在目录页中选中了"照片 006.jpg"照片，此时在该照片上单击即可切换到该幅照片。

第二种方法是打开相册后，将光标移到页边上，这时光标所在处将出现本页相册的页码，只需要单击本页即可直接翻开到本页所在的照片，如图 11-52 所示，是在相册页边上时显示了"4"数字，表示当前光标处是第 4 幅照片，单击之后，即可立即翻开该幅照片。

Contents

照片 001.jpg	1	照片 011.jpg	11
照片 002.jpg	2	照片 012.jpg	12
照片 003.jpg	3	照片 013.jpg	13
照片 004.jpg	4	照片 014.jpg	14
照片 005.jpg	5	照片 015.jpg	15
照片 006.jpg	6	照片 016.jpg	16
照片 007.jpg	7	照片 017.jpg	17
照片 008.jpg	8	照片 018.jpg	18
照片 009.jpg	9	照片 019.jpg	19
照片 010.jpg	10	照片 020.jpg	20

图 11-51

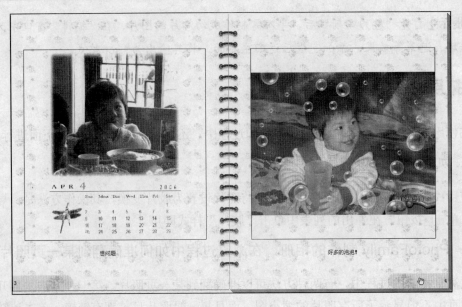

图　11-52

课后练习

1．填空题

（1）在 PhotoFamily 的主界面中，执行"文件"→"＿＿＿＿＿＿"命令或按快捷键＿＿＿＿＿＿，可创建新相册柜。

（2）执行"文件"→"＿＿＿＿＿＿"命令或按快捷键＿＿＿＿＿＿键，可创建新相册。

（3）当相册处于打开状态时，若要导入照片，则可执行"文件"→"＿＿＿＿＿＿"命令或按快捷键＿＿＿＿＿＿。

2．选择题

（1）在"魅力四射"中，⬚按钮的作用是＿＿＿＿＿＿。

    A．输出   B．文字效果

    C．在编辑和效果模式之间切换   D．输入文件

（2）若在"魅力四射"中添加音乐，则需单击工具栏的＿＿＿＿＿＿按钮。

    A．⬚（音乐效果）   B．⬚（遮罩效果）

    C．⬚（输出）   D．⬚（文字效果）

3．操作题

（1）制作一个带有背景音乐、各种照片效果和注释的电子相册。

（2）制作一个幻灯片，该幻灯片中带有音乐，图片中有特效。

模块五 网络工具

本模块要点

- 分别使用 Internet Explorer 和傲游浏览网页
- 使用 Google 和百度搜索要查找的内容
- 使用迅雷、BT 等下载工具从网上下载文件
- 使用 Outlook Express 和 Foxmail 收发邮件

项目十二 网页浏览与网络搜索工具

任务一 使用 Internet Explorer 浏览网页

任务说明

　　本任务主要学习使用 Internet Explorer 浏览主页、二级页面、收藏网页、设置默认网页等知识，效果如图 12-1 所示。

图 12-1

操作步骤

1. 用 Internet Explorer 浏览网页

① 启动 Internet Explorer。执行"开始"→"程序"→Internet Explorer 命令，即可将其启动。

■ 本步中，Internet Explorer 简称 IE，它是操作系统自带的工具，操作系统安装后即可使用。

② 浏览网站主页。在 IE 的地址栏中输入想要访问网站的网址（如图 12-2 所示），输入完成后按 Enter 键或单击 转到 按钮，即可打开所要浏览的网页，如图 12-1 所示。 ■ 本步中，若网站支持中文，也可直接输入中文，然后按 Enter 键，进入该网页。例如，"北京教育考试院"、"北京邮电大学"等网站均支持中文，在 IE 的地址栏中输入上述中文后按 Enter 键，即可浏览该网页。

图 12-2

③ 浏览二级网页。在主页上将鼠标指针移动至任何一个标题下面，一般情况下，若鼠标指针变为"👆"形状并且指针所指处文字颜色发生变化，表示该标题有链接，在该标题上单击，即可进入该标题所指的二级页面，如图 12-3 所示是在"济南市历城职业中等专业学校"主页上单击"学校概况"选项后弹出的二级页面。按照该方法，若二级页面中有链接，单击后可进入三级页面。 ■ 本步中，有些网站的主页是静态网页，在主页中无法单击进入二级页面，只能通过其他方式（如下载浏览器、输入文字等）进入其二级页面。例如，打开 http://www.kongming.cn 主页后，需要下载浏览器，安装后进入网站的其他页面。若进入二级页面后，单击 IE 工具栏上的 🏠（主页）按钮，即可返回至主页。

图 12-3

2．对网页的其他操作

（1）将自己需要的网页进行收藏。

① 在 IE 中执行"收藏"→"添加到收藏夹"命令，弹出如图 12-4 所示的对话框。在该对话框中单击 创建到 按钮，弹出"创建到"列表框，单击其右侧的 新建文件夹 按钮，弹出如图 12-5 所示的对话框，在该对话框中输入新建文件夹的名称，然后单击 确定 按钮，将在"收藏夹"

下面新建一个用于收藏网页的文件夹，如图 12-6 所示。   ■ 本步中，若选中图 12-4 中的 "允许脱机使用" 复选框，可在没有连接 Internet 的情况下浏览收藏的网页。

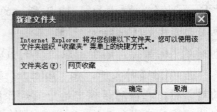

图   12-4   图   12-5

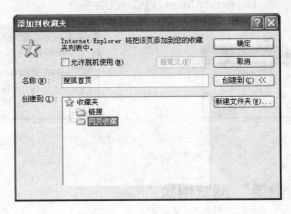

图   12-6

② 单击 确定 按钮，即可将所收藏的网页的快捷方式收藏到新建的文件夹中。   ■ 本步中，收藏网页后，若要在 IE 中将其打开，可执行 "收藏" → "网页收藏" 命令，然后在下一级菜单中选择相应的网页，即可完成操作。

（2）更改 IE 主页，使其在启动后自动打开某一网页。

① 执行 "工具" → "Internet 选项" 命令，弹出 "Internet 选项" 对话框。在该对话框 "地址" 后面的文本框中输入 IE 启动时自动打开的网页地址，如图 12-7 所示。

② 输入完成后，单击 确定 按钮即可。

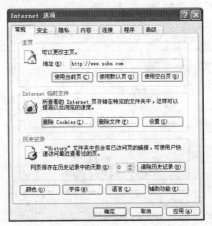

图   12-7

（3）清除浏览网页时生成的垃圾文件。

① 删除 Cookies。打开"Internet 选项"对话框（如图 12-7 所示），在该对话框中单击 删除 Cookies 按钮，弹出如图 12-8 所示的对话框，在该对话框中单击 确定 按钮，即可删除浏览网页时产生的 Cookies。 ■ 本步中，Cookies 是在浏览网页时由 Web 服务器置于用户本地终端上的数据，用于记录用户的 ID、密码、浏览过的网页、停留的时间等信息。

② 删除临时文件。在"Internet 选项"对话框中单击 删除文件 按钮，弹出如图 12-9 所示的对话框，在该对话框中选中"删除所有脱机内容"复选框后，单击 确定 按钮，即可删除浏览网页时产生的 Internet 临时文件。 ■ 本步中，Internet 临时文件是用户在浏览网页时所产生的信息，它存放在 Temporary Internet Files 文件夹下。

图 12-8

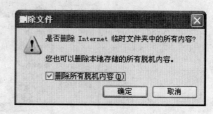

图 12-9

任务二　使用"傲游"浏览网页

任务说明

本任务主要学习使用傲游浏览网页、过滤广告、设置老板键、自动清除浏览网页时产生的垃圾文件等知识，如图 12-10 所示。

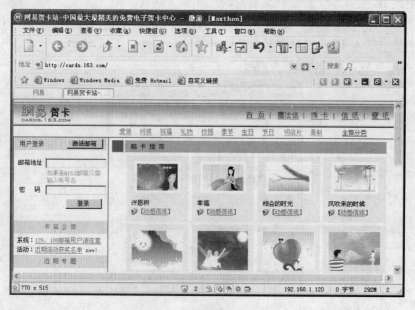

图 12-10

操作步骤

1.使用傲游浏览网页

① 启动傲游。执行"开始" → "程序"→Maxthon→Maxthon命令，即可启动。

② 浏览网页。在傲游的地址栏中输入 http://www.163.com，然后按 Enter 键，即可打开要浏览的网页。在主页上单击任何选项后，可打开其二级页面。 ■ 本步中，傲游与 IE 的区别在于：无论打开多少个网页，傲游均可以使用一个窗口，在该窗口中使用多个标签区分打开的网页，如图 12-11 所示；IE 则是打开几个网页，便有几个窗口。

图 12-11

2.使用傲游进行其他操作

（1）使用傲游过滤网页中的广告。

① 执行"选项" → "Maxthon 选项"命令，弹出如图 12-12 所示的对话框，在该对话框中左侧列表中选择"广告猎手"选项，然后单击右侧的"常规"标签。

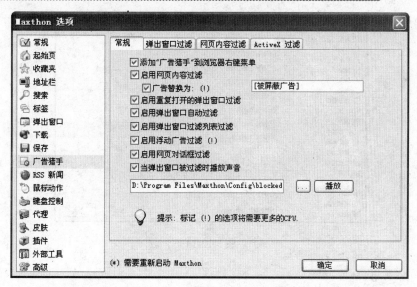

图 12-12

② 在"常规"选项卡下面选中要过滤的内容，设置完成后，单击 确定 按钮即可。

（2）设置老板键。

① 在"Maxthon 选项"对话框左侧窗口中选择"常规"选项，再选择右侧的"常规"标签。

② 在该选项卡中选中 "使用老板键"复选框，然后在其右侧文本框中按下键盘上的 Alt + \ 键，如图 12-13 所示。设置完成后，单击 确定 按钮，即可使用设置的快捷键隐藏、

显示傲游浏览器。 ■ 本步中，若要在傲游浏览器打开时，隐藏系统任务栏中的傲游图标，可取消选中"显示系统托盘图标"复选框。

（3）清除浏览网页时产生的垃圾文件。

① 在图 12-13 中，单击其右侧的"退出"标签，在该选项卡中选中退出傲游时需删除的垃圾文件，如图 12-14 所示。

② 单击(确定)按钮，即可将所选择的垃圾文件清除。

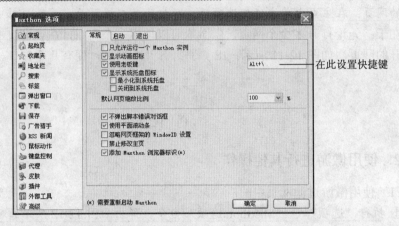

图　12-13

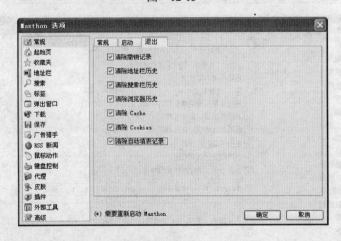

图　12-14

任务三　使用 Google 进行网上搜索

任务说明

本任务使用 Google 搜索需查询的内容，如图 12-15 所示。具体要求是使用 Google 进行常规和特色查询。

图　12-15

操作步骤

1．常规搜索

① 打开浏览器，在地址栏中输入网址 http://www.google.com，进入 Google 网站。

② 在 Google 主页的搜索栏中输入要搜索的内容，如图 12-16 所示，输入完成后单击 Google 搜索 按钮，即可弹出要搜索网址列表，如图 12-15 所示。　■　本步中，若选择"搜索所有网页"单选按钮，则搜索时将列出所有网页（包括英文和中文）；若选择"搜索所有中文网页"单选按钮，则列出所有中文网页（包括简体和繁体）；若选择"搜索简体中文网页"单选按钮，则在搜索时只列出简体中文网页。在搜索时，若单击 手气不错 按钮，则只显示与搜索内容相关的一个网页。

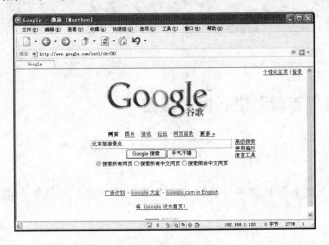

图　12-16

2．特色查询

① 查询天气预报。在 Google 网页中的搜索栏中输入要查询地区的名称，然后输入"天

气"二字，如图 12-17 所示，输入完成后，单击 手气不错 按钮，即可查询天气，如图 12-18 所示。

图 12-17

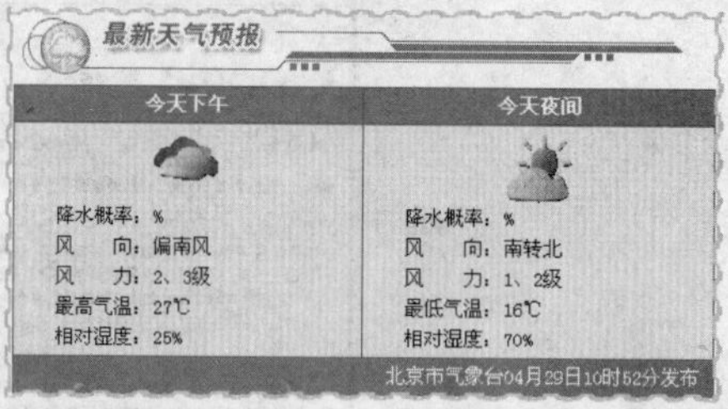

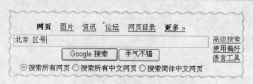

图 12-18

② 查询区号。在 Google 网页中的搜索栏中输入要查询地区的名称，再输入"区号"二字，如图 12-19 所示，输入完成后，单击 手气不错 按钮，即可查询区号，如图 12-20 所示。

图 12-19

省份province	地区region	电话区号telecode	邮政编码postcode
北京	北京	10	100000
北京	通县	10	101100
北京	平台	10	101200
北京	顺义	10	101300
北京	怀柔	10	101400
北京	密云	10	101500
北京	延庆	10	102100
北京	昌平	10	102200
北京	大兴	10	102600

图 12-20

任务四 使用"百度"进行网上搜索

任务说明

本任务使用百度分别搜索网页、图片和音乐，搜索图片的效果如图 12-21 所示。

操作步骤

1. 在百度中搜索网页

① 打开浏览器后，在地址栏中输入 http://www.baidu.com，进入百度主页。

② 在百度主页的搜索栏中输入"计算机类图书"（如图 12-22 所示），然后单击 百度搜索

按钮，即可搜索关于计算机类图书的所有网页，如图 12-23 所示。

图　12-21

图　12-22

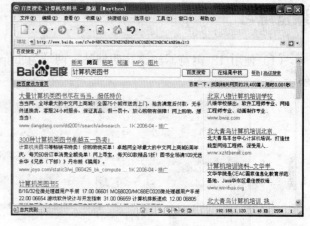

图　12-23

2. 搜索图片

① 在百度主页中单击"图片"选项，然后在搜索栏中输入"树木"，如图 12-24 所示。

② 单击 百度搜索 按钮，即可列出有关树木的图片，如图 12-21 所示。　■ 本步中，默认情况下，在搜索图片时，搜索全部图片，若选择"新闻图片"，则搜索与树木有关的新闻图片；若选择"全部图片"，则列出与树木有关的所有图片；若分别选择"大图"、"中图"、"小图"，则按照图片的大小，分别列出树木的图片；若选择"壁纸"，则列出能作为壁纸使用的树木的图片。

图　12-24

3．搜索音乐

① 在百度主页中单击 MP3 选项，然后在搜索栏中输入"春江花月夜"，如图 12-25 所示。 ■ 本步中，默认情况下，搜索音乐时是搜索全部音乐，若选择"歌词"单选按钮，将搜索歌曲的歌词；若分别选择 MP3、rm、wma、flash 单选按钮，则分别搜索*.mp3、*.rm、*.wma 和*.swf 格式的音乐；若选择"其他格式"单选按钮，则搜索其他格式的音乐；若选择"铃声"、"彩铃"单选按钮，则分别搜索铃声和彩铃。

图 12-25

② 输入完成后，单击 [百度搜索] 按钮，即可搜索到所要查找的音乐。

课堂练习

（1）使用 IE 浏览器浏览孔明网站，网址为 http://www.kongming.cn，效果如图 12-26 所示。

图 12-26

【提示】首先进入孔明网站主页，然后在该主页上单击"进入孔明论坛"选项即可。
（2）使用百度搜索动物图片，效果如图 12-27 所示。

知识拓展

在浏览网页时，经常弹出一些让人心烦的广告，下面讲解如何去除那些广告。

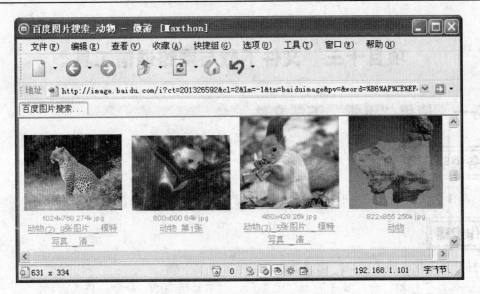

图　12-27

如何屏蔽使用 IE 浏览网页时不断出现的广告？

IE 浏览器本身没有广告过滤功能，需从网上下载"上网助手"，并将其安装后，使用"上网助手"的广告过滤功能可以屏蔽广告。

课后练习

1．填空题

（1）Internet Explorer 简称_____，它是操作系统自带的工具，操作系统装好后即可使用。

（2）在 Google 中搜索时，若单击 手气不错 按钮，则只显示与搜索内容相关的_____个网页。

2．选择题

（1）在 IE 的地址栏中输入想要访问网站的网址后，按_____键或单击 转到 按钮，即可打开所要浏览的网页。

    A．Ctrl   B．Shift   C．Enter   D．Alt

（2）Internet 临时文件是用户在浏览网页时所产生的信息，它存放在_____文件夹下。

    A．Cookies   B．Temporary Internet Files

    C．Windows   D．Temp

3．操作题

（1）使用 IE 浏览网页。

（2）使用 Google 搜索关于天气的网页，使用百度搜索音乐。

项目十三　文件下载与网络通信工具

任务一　使用"迅雷"下载文件

任务说明

本任务使用迅雷提高下载文件的速度。

操作步骤

打开要下载歌曲的网页，选择歌曲后用迅雷将其下载。

① 执行"开始"→"程序"→"迅雷"→"启动迅雷5"命令，将其启动。

② 打开要下载歌曲的网页。在地址栏中输入 http://www.baidu.com 进入百度主页，在该主页中单击"中国民乐"选项，如图 13-1 所示。

③ 在弹出的网页中，选择一首歌曲并在其上单击，如图 13-2 所示。此时，在弹出的网页中列出所有关于"牧羊曲"的轻音乐。

④ 在其中任意一首歌曲上右击，在弹出的快捷菜单中选择"使用迅雷下载"命令，如图 13-3 所示。此时，弹出如图 13-4 所示的对话框，在该对话框中单击 浏览 按钮，选择下载后文件的保存路径，然后单击 保存 按钮，可进入迅雷的下载页面，该页面中显示文件的下载进度，如图 13-5 所示，当下载进度为 100% 时，表示文件已经下载完毕。

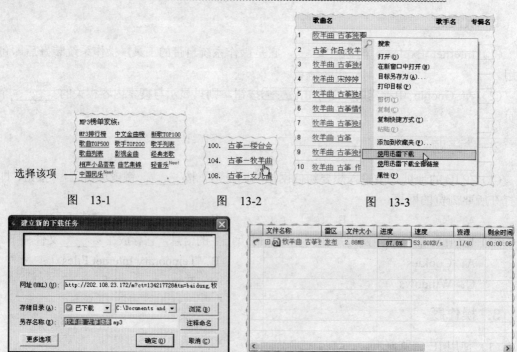

选择该项 →

图 13-1　　　　　　　　图 13-2　　　　　　　　　图 13-3

图 13-4　　　　　　　　　　　　　　　图 13-5

任务二　使用 BitComet 下载电影

任务说明

　　本任务使用 BitComet 下载电影。具体要求是在 BitComet 网站上下载电影。

操作步骤

　　打开 BitComet 后浏览其网站，在该网站上下载电影。

　　① 启动 BitComet。执行"开始"→"程序"→BitComet→BitComet 命令，将其启动。

■ 本步中，BitComet（简称 BT）采用种子的方式进行下载，即在下载的同时，也在为其他用户提供上传，种子数越多，下载越快。

　　② 在 BT 界面的工具栏上单击 ☆（收藏）按钮，打开其左侧树状列表，在该列表中选择"BT 发布站点"选项，然后在其下面双击"TLF@BT 下载站"选项，如图 13-6 所示。此时，在 BT 界面右侧将出现所选择的网页，在该网页中选择"影视索引"选项，在其下面所列出的影视列表中选择要下载的电影后在其上单击，如图 13-7 所示。此时，弹出如图 13-8 所示的对话框，在该对话框中单击 保存 按钮，弹出"另存为"对话框，如图 13-9 所示。在该对话框中选择文件的保存路径，然后单击 保存 按钮，即可保存文件。

图　13-6

图　13-7

图　13-8

图　13-9

任务三　使用 Flash Saver 下载网页中的 Flash 文件

任务说明

　　本任务使用 Flash Saver 下载网页中的 Flash（即*.swf格式）文件。具体要求是分别从网页和缓存进行探测，并下载 Flash。

操作步骤

1. 从网页中下载 Flash 文件

　　① 启动 Flash Saver。执行"开始"→"程序"→Flash Saver→Flash Saver 命令，将其启动。

　　② 在 Flash Saver 中执行"任务"→"探测 URL"命令，弹出"探测网页"对话框，在该对话框中"网页 URL"选项后面输入网址，然后单击 探测! 按钮，在"探测网页"对话框中的空白区域即可列出所探测网页中 Flash 文件的名称，如图 13-10 所示。■ 本步中，若单击 高级模式 按钮，可预览网页中的 Flash 文件。

　　③ 选中所列出的 Flash 文件，然后单击 保存 按钮，即可将所选择的 Flash 文件保存到 Flash Saver 的默认目录（即 my flashes）中。

2. 从 IE 缓存中下载 Flash 文件

　　① 在 Flash Saver 中执行"任务"→"探测缓存"命令，弹出"探测缓存"对话框，在该对话框中单击 探测! 按钮，即可列出 IE 缓存中 Flash 文件的名称。

图　13-10

■ 本步中，IE 缓存是指在浏览网页时，网页上的文件临时存储的位置。

　　② 选中要下载的 Flash 文件，单击 保存 按钮，即可将所选择的 Flash 文件下载。

任务四　使用 Outlook 收发电子邮件

任务说明

　　本任务主要学习使用 Outlook 收发电子邮件，如图 13-11 所示。具体要求是在发送电子邮件的同时，将邮件的背景设置为信纸效果。

图 13-11

操作步骤

1. 发送电子邮件

① 执行"开始"→"程序"→Outlook Express 命令，启动 Outlook。

② 设置客户端。执行"工具"→"账户"命令，弹出如图 13-12 所示的对话框，在该对话框中单击 添加 按钮后面的 ▸ 按钮，在弹出的菜单中选择"邮件"命令，弹出如图 13-13 所示的对话框，在该对话框中输入发送电子邮件时所显示的名称。 ■ 本步中，所输入的名称一般用英文。

图 13-12

图 13-13

③ 在图 13-13 中单击 下一步 按钮，弹出如图 13-14 所示的对话框，在该对话框中单击 下一步 按钮，弹出如图 13-15 所示的对话框，在该对话框中"接收邮件服务器"下面的文本框中输入接收邮件所使用的服务器，在"发送邮件服务器"下面的文本框中输入发送邮件所使用的服务器。 ■ 本步中，接收邮件所使用的协议是 POP3，发送邮件所使用的协议是 SMTP。

135

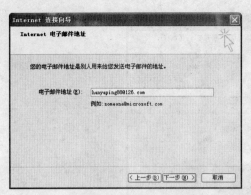

图　13-14　　　　　　　　　　　　　图　13-15

④ 设置完成后，单击 下一步 按钮，弹出如图 13-16 所示的对话框，在该对话框中输入密码，然后单击 下一步 按钮，弹出如图 13-17 所示的对话框，在该对话框中单击 完成 按钮，自己的电子邮箱的 POP3 的设置便添加到图 13-12 中的"邮件"选项卡的空白区域中，然后单击 属性 按钮，在弹出的对话框中单击"服务器"标签，在该选项卡中选中"我的服务器要求身份验证"复选框，然后单击其后面的 设置 按钮，如图 13-18 所示，弹出如图 13-19 所示的对话框，在该对话框中选择"使用与接收邮件服务器相同的设置"选项，然后依次单击 确定 按钮，返回到图 13-12 中，在该图中单击 关闭 按钮，返回到 Outlook 的主界面中。

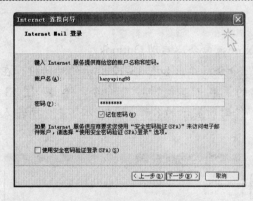

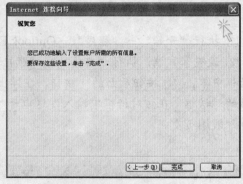

图　13-16　　　　　　　　　　　　　图　13-17

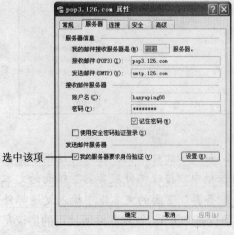

选中该项——

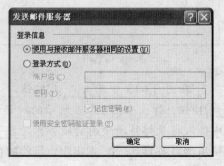

图　13-18　　　　　　　　　　　　　图　13-19

⑤ 为邮件添加背景。单击工具栏中"创建邮件"右侧的" ▾ "按钮，在弹出的菜单中选择"秋叶"命令，弹出如图 13-11 所示的对话框，在该对话框中"收件人"后面输入收件人的电子邮箱地址，在"主题"后面输入所发送邮件的主题，然后在正文中输入所发送电子邮件的内容。　■ 本步中，可设置正文中文字的字体、字号等属性；若发送带有附件的电子邮件，可单击工具栏上的 📎 （附件）按钮，添加要发送的文件。
　　附件

⑥ 设置完成后，单击工具栏上的 发送 按钮，即可发送邮件。

2. 接收电子邮件

（1）在 Outlook 中接收电子邮件。

① 在 Outlook 的工具栏上单击 📧 右侧的下三角按钮，在弹出的菜单中选择"接收全部邮件"命令，即可接收邮件，然后单击界面左侧"文件夹"面板中"本地文件夹"前面的" ⊞ "，将其展开，在其树状列表中选择"收件箱"选项，其右侧窗口将列出电子邮件的发件人、主题和接收时间，如图 13-20 所示。

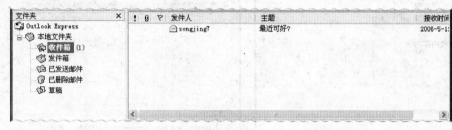

图　13-20

② 在图 13-20 中的电子邮件上双击即可将其打开，如图 13-21 所示。

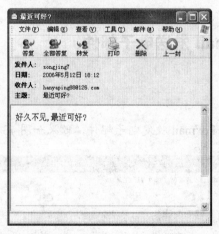

图　13-21

（2）使用 Outlook 接收带有附件的电子邮件。

① 打开收件箱，其右侧窗口中将列出带有附件的电子邮件，如图 13-22 所示。　■ 本步中，若电子邮件前面带有"📎"标记，表示该电子邮件中含有附件。

② 双击带有附件的电子邮件，弹出如图 13-23 所示的对话框，在该对话框中执行"文件"→"保存附件"命令，弹出如图 13-24 所示的对话框，在该对话框中单击 浏览 按钮，选择附件的保存路径，然后单击 保存 按钮，即可保存附件。

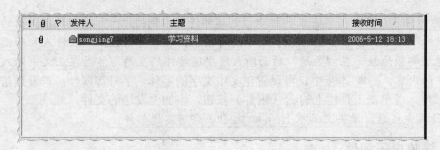

图 13-22

图 13-23

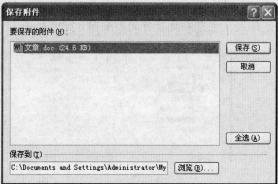

图 13-24

任务五 使用 Foxmail 发送电子邮件

任务说明

本任务主要学习使用 Foxmail 收发电子邮件，效果如图 13-25 所示。

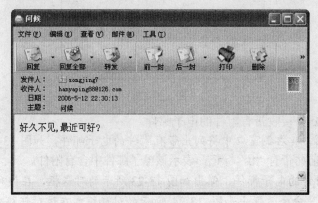

图 13-25

操作步骤

1. 使用 Foxmail 发送电子邮件

① 执行"开始"→"程序"→Foxmail 命令，启动 Foxmail。

② 创建自己的账户。当 Foxmail 启动后，弹出如图 13-26 所示的对话框，在该对话框中"电子邮件地址"后面的文本框中输入自己的电子邮件地址，然后输入密码，输入完成后，单击 下一步 按钮，弹出如图 13-27 所示的对话框。　■ 本步中，密码可不用填写，当收发电子邮件时填写，但是电子邮件地址必须填写。

③ 在图 13-27 中单击 完成 按钮，进入 Foxmail 的主界面，在该界面中单击左侧的"发件箱"选项，如图 13-28 所示。

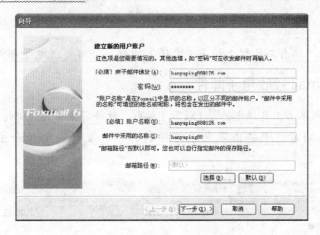

图　13-26

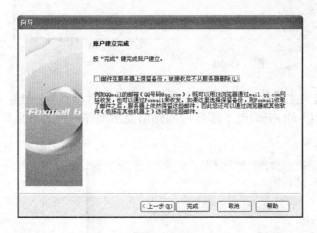

图　13-27

图　13-28

④ 单击工具栏上的 （撰写新邮件）按钮，弹出如图 13-29 所示的对话框，在该对话框中输入收件人的邮箱和主题，然后在正文部分输入要发送的内容。　■ 本步中，若发送带有附件的电子邮件，可单击工具栏上的 （附件）按钮。

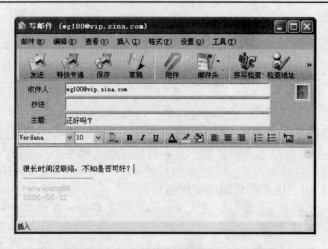

图 13-29

⑤ 输入完成后，单击工具栏上的 ![]（发送）按钮，即可发送电子邮件。

2. 使用 Foxmail 接收电子邮件

① 在 Foxmail 中单击工具栏上的 ![]（收取）按钮，收件箱中将出现邮件的个数，单击"收件箱"选项，其右侧窗口中将出现电子邮件的日期、发件人邮箱和主题，如图 13-30 所示。

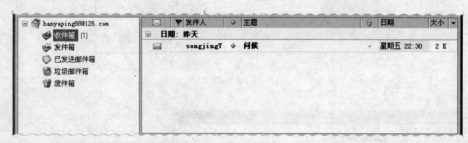

图 13-30

② 在图 13-30 中单击收到的电子邮件，其下方窗口将出现电子邮件的内容，如图 13-31 所示。 ■ 本步中，若双击图 13-30 中的电子邮件，则弹出显示邮件内容的对话框，如图 13-25 所示。

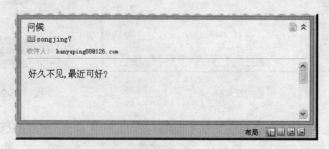

图 13-31

任务六　使用 QQ 进行网络聊天并发送文件

任务说明

　　本任务使用 QQ 进行网络聊天并发送文件，如图 13-32 所示。具体要求是发送文字和 QQ 表情给好友，并给好友发送文件。

图　13-32

操作步骤

1. 申请 QQ 号码

　　① 双击桌面上的"腾讯 QQ"图标，弹出"QQ 用户登录"对话框，单击 申请号码 按钮，如图 13-33 所示。

　　② 此时将弹出"申请号码"对话框，在该对话框中选择"在网站上申请免费号码"单选按钮，如图 13-34 所示。　■　本步中，如果想申请一个具有个性、有意义或比较吉祥的号码，可以选择"申请 QQ 行号码"，也可选择"申请靓号地带号码"选项，但这两种方式是收费的。若自己的 QQ 号目前是普通号码，想要享受会员待遇，可以选择"普通号码升级会员"。

　　③ 在图 13-34 中单击 下一步 按钮，进入如图 13-35 所示的对话框，该对话框显示的是服务条款，单击 我同意 按钮，进入如图 13-36 所示的对话框。

　　④ 在该对话框"必填基本资料"中按照要求填写各项内容，单击 下一步 按钮，进入如图 13-37 所示的对话框。

141

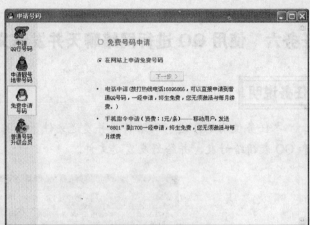

图　13-33　　　　　　　　　　　　　　　　图　13-34

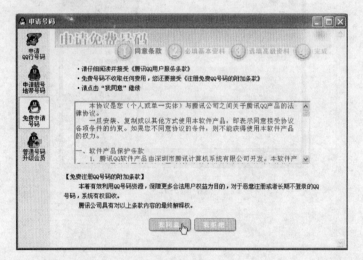

图　13-35

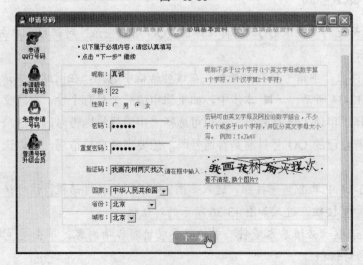

图　13-36

⑤ 该对话框中的资料是选填内容，即可填，也可以不填，单击 下一步 按钮，即可完成号码的申请。 ■ 本步中，一定要记住申请得到的 QQ 号和密码。

⑥ 登录 QQ。在如图 13-38 所示的对话框中输入号码和密码，单击 登录QQ 按钮，弹出 "请选择上网环境" 对话框，单击 确定 按钮，进入 QQ 主界面，如图 13-39 所示。

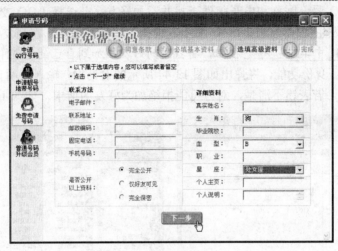

图 13-37

2. 添加聊天好友

① 单击 QQ 界面右下角的 查找 按钮，弹出 "QQ2005 查找/添加好友" 对话框，如图 13-40 所示，在该对话框中选择 "精确查找" 单选按钮。 ■ 本步中，查找好友时有四种查找方式，通常情况下采用 "基本查找" 的方式，其中，可以根据不同的条件查找好友。

图 13-38

图 13-39

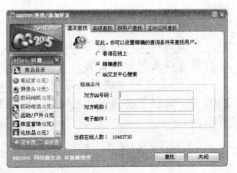

图 13-40

② 如果知道对方的 QQ 号，则在图 13-40 中"精确条件"选项组中的"对方 QQ 号码"中输入 QQ 号码，输入完成后单击 查找 按钮即可查找到好友，如图 13-41 所示。 ■ 本步中，若选择"看谁在线上"单选按钮，然后单击 查找 按钮，将显示当前在线的所有 QQ 用户，如图 13-42 所示，此种方法适合结识新朋友并与他聊天；若选择"精确查找"选项，可根据好友的 QQ 号、昵称和电子邮件查找并添加好友；若选择"QQ 交友中心搜索"选项，精确条件将发生变化，如图 13-43 所示，根据这些精确条件，在交友中心搜索好友。

③ 在图 13-41 中单击 加为好友 按钮，将找到的好友添加到自己的 QQ 中。 ■ 本步中，若对方设置了验证身份功能，将弹出如图 13-44 所示的对话框，输入表明自己身份的文本，再单击 发送 按钮。若表述不清楚，对方可能拒绝加为好友的请求，如图 13-45 所示。

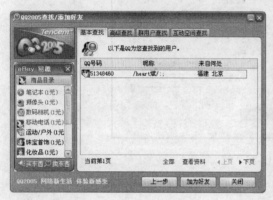

图 13-41

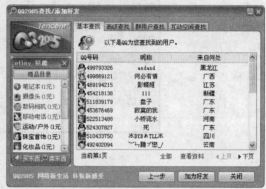

图 13-42

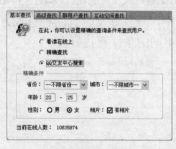

图 13-43

图 13-44

图 13-45

④ 此时弹出"系统消息"对话框，表明对方已经同意将其加入到好友中，如图 13-46 所示。

⑤ 此时已经将对方添加到好友中，按照上面的方法可以添加多个好友，如图 13-47 所示，双击该好友的形象图标，弹出聊天对话框，在下方输入要说的话，单击 发送 按钮，此时对方可以看到你的留言，并且开始对话，如图 13-32 所示。

⑥ 除了与对方使用文字对话外，还可以使用各种表情图标表达自己的情绪，在 QQ 2005 中，提供了普通的"表情"，如图 13-48 所示，另外还提供了"魔法表情"，如图 13-49 所示。

3. 发送文件

① 单击聊天窗口上方的 （传送文件）按钮，弹出如图 13-50 所示的对话框，在该对

话框中选择要传送的文件。

图　13-46

图　13-47

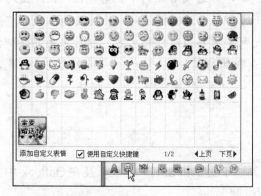

图　13-48

图　13-49

② 选择完成后单击 打开 按钮，系统等待对方好友回应是否接受该文件，如图 13-51 所示。

图　13-50

图　13-51

课堂练习

（1）使用 BT 下载网页中的电影文件，下载完成后观看下载的电影。

【提示】启动 BT 后，在其"收藏"列表中双击"影音休闲中心"选项，在弹出的网页中选择"电影"选项，然后单击要下载的电影，在弹出的对话框中设置文件的保存路径，设置完成后单击"确定"按钮，即可下载。

（2）使用 Flash Saver 下载网页中的 SWF 文件。

【提示】在 Flash Saver 中执行"任务"→"探测 URL"命令，在弹出的"探测网页"对话框中输入网址，然后单击 探测! 按钮，即可探测出网页中 Flash 文件的名称，选择要下载的 SWF 文件后单击 保存 按钮，即可下载网页中的 SWF 文件。

（3）使用 Outlook 发送电子邮件。具体要求是邮件的背景有信纸效果，正文文字的字体是"创仪简行楷"、字号为 14、颜色为红色。

【提示】启动 Outlook 后，单击工具栏上创建邮件选项右侧的下三角按钮，在弹出的快捷菜单中选择"选择信纸"选项，然后在弹出的对话框中，选择任何一种效果的信纸后将弹出"新邮件"对话框，在该对话框中输入收件人电子邮箱的地址和主题，然后单击"附件"按钮添加附件；在书写正文前，将字体设置为"创仪简行楷"、字号为 14、颜色设置为红色，设置完成后即可书写正文内容，书写完成后，单击"发送"按钮即可发送邮件。

知识拓展

在使用 Outlook 发送电子邮件时，常用网站的 POP3 和 SMTP 协议以及在 Outlook 中如何设置联系人的方法应该掌握，下面对其进行讲解。

1. 常用网站的邮箱如何在 Outlook 中进行设置

常用网站邮箱的接收服务器和发送服务器的一般设置如下表所示。

网 站 邮 箱	接收服务器	发送服务器
网易邮箱（@163.com）	pop3.163.com	smtp.163.com
网易邮箱（@126.com）	pop3.126.com	smtp.126.com
搜狐邮箱（@sohu.com）	pop3.sohu.com	smtp.sohu.com
21 世纪（@21cn.com）	pop.21cn.com	smtp.21cn.com

2. 如何在 Outlook 中添加联系人

在 Outlook 中添加联系人是为了方便发送邮件，其方法如下。

① 在 Outlook 面板左侧单击"联系人"按钮，在弹出的菜单中选择"新建联系人"命令，如图 13-52 所示，弹出如图 13-53 所示的对话框，在该对话框中输入联系人的信息，包括姓、名、职务、电子邮件地址等。

图　13-52

图　13-53

② 添加完成后单击 添加 按钮，即可将联系人的电子邮件地址添加到图 13-53 中的空白区域，如图 13-54 所示。

③ 单击图 13-53 中的 确定 按钮，即可将联系人的姓名添加到"联系人"面板的下方，如图 13-55 所示。

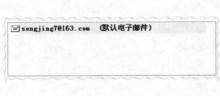

图　13-54

图　13-55

课后练习

1．填空题

（1）BitComet（简称 BT）采用＿＿＿＿＿＿的方式进行下载，即在下载的同时，也在为其他用户提供上传，种子数越多下载越快。

（2）接收邮件所使用的协议是＿＿＿＿＿＿，发送邮件所使用的协议是＿＿＿＿＿＿。

2．选择题

（1）若电子邮件前面带有"❶"标记，表示该电子邮件中含有＿＿＿＿＿＿。

　　A．图片　　　　　　　B．附件　　　　　　　C．声音　　　　　　　D．文件

（2）在 Foxmail 中，单击工具栏上的＿＿＿＿＿＿按钮，收件箱中将出现邮件的个数。

    A．收取   B．发送   C．附件   D．创建邮件

3．操作题

（1）从网页上下载文件时，使用迅雷提高下载速度。

（2）使用种子下载的方式下载电影文件。

（3）首先浏览网页，然后从 IE 缓存中下载 SWF 文件。

（4）分别使用 Outlook 和 Foxmail 发送和接收电子邮件。

模块六　格式转换、光盘刻录和系统工具

本模块要点

- SWF 转换为 AVI、AVI 和 PPT 转换为 SWF
- 使用"图像转换专家"转换图片格式
- 使用 RealProducer 将 *.avi、*.mov 等视频文件转换为 *.rm 格式的视频文件
- 使用"优化大师"和"超级兔子"优化系统
- 使用"金山毒霸"和"瑞星"杀毒工具查杀病毒

项目十四　格式转换工具

任务一　使用 Magic Swf2Avi 转换文件格式

任务说明

本任务主要学习使用 Magic Swf2Avi 将 *.swf 格式的文件单个和批量转换为 *.avi 格式的文件，效果如图 14-1 所示。

图　14-1

操作步骤

1. 转换单个 swf 文件

① 打开 Magic Swf2Avi 后，单击其界面左侧的 添加文件 按钮，弹出如图 14-2 所示的对话框，在该对话框中选择 *.swf 格式的文件，然后单击 打开 按钮，将其添加到 Magic Swf2Avi 中。

② 将选中的 SWF 文件添加到 Magic Swf2Avi 后，在其界面右侧将播放添加的 SWF 文

件，如图14-3所示。■ 本步中，若单击 $\boxed{Swf背景}$ 按钮，将弹出"颜色"对话框，在该对话框中可修改所添加SWF文件的背景颜色，图14-3是将SWF文件的背景设置为黑色的效果。

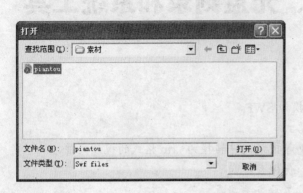

图 14-2   图 14-3

③ 单击Magic Swf2Avi界面下方的 $\boxed{转换为Avi}$ 按钮，即可进行转换，图14-4是转换过程中的效果。转换完成后，将自动打开其AVI文件所在的目录，然后使用Windows Media Player打开该AVI文件，效果如图14-1所示。

2. 批量转换SWF文件

① 在 Magic Swf2Avi 界面左侧单击 $\boxed{添加目录}$ 按钮，添加多个SWF文件所在的文件夹，如图14-5所示。

② 添加完成后，在"SWF文件列表"下面将列出所添加的SWF文件，如图14-6所示。在该图中选中所有SWF文件，单击 $\boxed{转换为Avi}$ 按钮，即可将SWF文件批量转换为AVI文件。

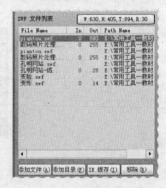

图 14-4   图 14-5   图 14-6

任务二　使用 vid2flash 转换文件格式

$\boxed{\text{任务说明}}$

本任务使用vid2flash将*.avi文件转换为*.swf文件，如图14-7所示。

图 14-7

使用 vid2flash 将计算机中的视频 AVI 文件转换为 SWF 文件。

① 打开 vid2flash 后单击 浏览 按钮，弹出如图 14-8 所示的对话框，在该对话框中选择 AVI 文件，然后单击 打开 按钮，将该 AVI 文件的路径添加到"选择路径"后面的文本框中，如图 14-9 所示。

② 在 vid2flash 界面左侧中，将"帧速"设置为 12、"质量"设置为 100，如图 14-10 所示。 ■ 本步中，一般情况下，动画每秒播放的帧速为 12 帧。

图 14-8   图 14-9   图 14-10

③ 设置完成后单击 转换 按钮，即可进行转换，转换完成后单击 预览 按钮，可在 vid2flash 界面右侧的预览窗口进行预览。

④ 单击 另存为 按钮，可将转换的 SWF 文件进行保存。 ■ 本步中，vid2flash 自动将转换后的 SWF 文件与要转换的 AVI 文件放在同一目录下。

任务三 使用 PowerPoint to Flash 转换文件格式

本任务使用 PowerPoint to Flash 将幻灯片格式的文件*.ppt 转换为 SWF 文件，如图 14-11 所示。

图 14-11

操作步骤

将 PowerPoint 制作的幻灯片文件转换为 SWF 文件。

① 在 PowerPoint to Flash 中，单击界面左侧 "文件" 选项下面的 [添加] 按钮，弹出如图 14-12 所示的对话框，在该对话框中选择*.ppt 文件后单击 [打开] 按钮，所选择的 ppt 文件的路径将出现在 PowerPoint to Flash 界面右侧的 "文件列表" 面板中，如图 14-13 所示。

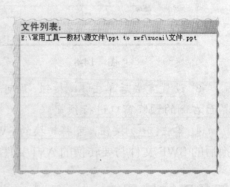

图 14-12   图 14-13

② 单击 "输出文件夹" 下面的 […] （浏览目标文件夹）按钮，选择转换完成后文件的输出路径，如图 14-14 所示。

③ 单击界面左侧的 [选项] 按钮，弹出如图 14-15 所示的对话框，在该对话框中将 "JPEG 质量" 设置为 100%，设置完成后单击 [确定] 按钮，再单击 [开始] 按钮，即可进行转换。

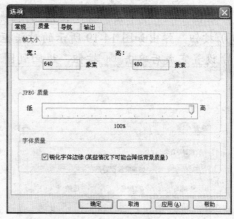

图 14-14

图 14-15

任务四 使用"图像格式转换专家"转换图像的格式

任务说明

本任务使用"图像格式转换专家"转换图像的格式。具体要求是将*.jpg 格式的图片转换为*.bmp 格式。

操作步骤

在"图像格式转换专家"中将*.jpg 格式的图片转换为*.bmp 格式。

① 打开"图像格式转换专家",在其界面右侧单击 添加单张图片 按钮,弹出"选择文件"对话框,在该对话框中选择*.jpg 格式的图片,如图 14-16 所示。 ■ 本步中,若批量转换图片,可单击 添加图片文件夹 按钮,添加图片所在的文件夹。

② 选择完成后,单击 Open 按钮,将所选择的图片打开。在"图像格式转换专家"界面右侧的面板中的"将图片转换到以下格式"选项下的下拉列表中选择".bmp"选项,如图14-17 所示。

图 14-16

图 14-17

153

③ 在图 14-17 中单击 转换开始 按钮,弹出如图 14-18 所示的对话框,在该对话框中单击■(浏览) 按钮,弹出如图 14-19 所示的对话框,在该对话框中选择转换后图片的保存路径。

④ 设置完成后单击 OK 按钮,返回到图 14-18 中,在该图中单击 确定 按钮,即可转换。

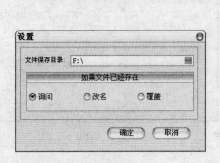

图　14-18　　　　　　　　　　　　　图　14-19

任务五　使用 RealProducer 转换文件格式

任务说明

本任务使用 RealProducer 将较大的视频文件转换为占用空间较小的*.rm 格式。

操作步骤

在 RealPorducer 中将视频文件转换为*.rn 格式。

① 启动 RealPorducer。执行"开始"→"程序"→RealPorducer Plus 11 命令,将其启动。

② 在 RealPorducer 界面的"输入文件"后面单击 浏览 按钮,弹出如图 14-20 所示的对话框,在该对话框中选择要进行转换的视频文件,然后单击 打开 按钮,将其添加到 RealProducer 中。■ 本步中,RealProducer Plus 11 可以转换*.avi、*.mov、*.mpeg 等格式的媒体文件。

图　14-20

③ 单击 RealPorducer 界面右下角的按钮，即可进行转换。　■ 本步中，RealPorducer 在转换文件的同时，还将转换的文件进行压缩，转换后的文件明显小于原文件。

任务六　使用 Nero Burning Rom 刻录光盘

任务说明

　　本任务使用 Nero Burning Rom 刻录光盘。具体要求是将光盘刻录为数据光盘，追加刻录，然后使用 Nero Burning Rom 制作 VCD。

操作步骤

1. 刻录数据光盘

① 启动程序后弹出"新编辑"对话框，在该对话框选择 CD-ROM（ISO）按钮，弹出如图 14-21 所示的界面。

图　14-21

② 在图 14-21 中单击"标签"标签，在该选项卡中输入光盘名称。单击"多重区段"标签，如果是第一次刻录，则选择"第一次刻录多重区段光盘"选项。单击"刻录"标签，在该选项卡中选择刻录速度，如图 14-22 所示。

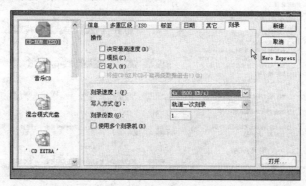

图　14-22

③ 设置完成后，在光盘刻录机中放入一张空的 CD-R，或者是 CD-RW，然后单击界面中的"新建"按钮。此时，可以看到在界面左边会给出刻录窗口，右边是系统文件列表窗口，如图 14-23 所示。

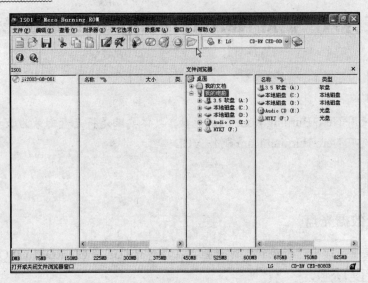

图 14-23

④ 在浏览器中找到要刻录的文件，将其拖动到刻录窗口。 ■ 本步中，如果要删除某些不刻录的文件，可在该文件上右击，在弹出的快捷菜单中选择"删除"即可。

⑤ 将光盘放入刻录机中，单击 🔥 （刻录）按钮，将弹出"刻录编译"对话框，在该对话框中可进行补充设置。确认后，单击"刻录"按钮，即可开始刻录。

⑥ 在刻录的过程中，以进度条显示刻录的动态信息，刻录完成后确认并打开资源管理器，单击刻录好的光盘，可以看到光盘中的文件，如图 14-24 所示。

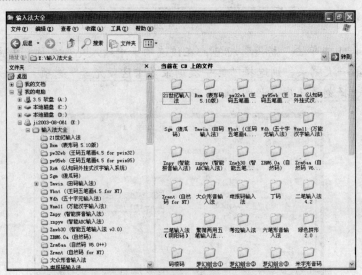

图 14-24

2. 在光盘上追加刻录数据

① 在 Nero 主界面中单击"多重区段"标签，在该选项卡中选择"继续刻录多重区段光盘"单选按钮，如图 14-25 所示。

② 在图 14-25 中单击"新建"按钮，在弹出的"选择轨道"对话框中单击 确定 按钮，该对话框显示光盘已有内容容量信息，如图 14-26 所示。

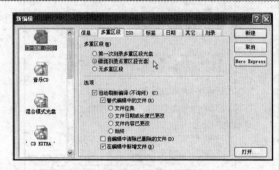

图　14-25　　　　　　　　　　　　　　　图　14-26

③ 将要追加的文件拖动到刻录窗口，然后在主界面上单击 （刻录）按钮。在弹出的对话框中可进行补充设置，并且看到追加了一个新的文件夹，如果确认设置，则单击 刻录 按钮，即可开始追加刻录。

3. 超刻光盘

① 在 Nero 主界面中单击"多重区段"标签，在该选项卡中选择"无多重区段"单选按钮，如图 14-27 所示。

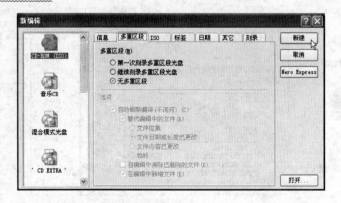

图　14-27

② 选择完成后，单击"新建"按钮，然后将空白光盘放入刻录机，单击 （查看光盘信息）按钮，在弹出的对话框中显示该光盘可存放的容量，如图 14-28 所示。

③ 选择"文件"中的"设置"命令，在弹出的对话框中单击"高级属性"标签，设置最大 CD 长度为 79 分，如图 14-29 所示。

④ 在主界面上单击 按钮，在弹出的对话框中选中"终结 CD"选项，状态条显示刻

录容量在 703MB 之内，然后单击"刻录"按钮，开始刻录。

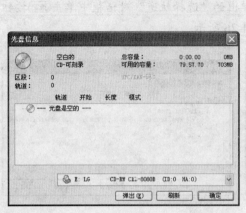

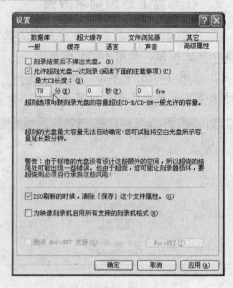

图　14-28　　　　　　　　　　　　　　　　　　图　14-29

4．制作 VCD

① 将光盘放入刻录机，打开 Nero Burning ROM 后单击 Video CD 标签，在该选项卡中选择 NTSC 选项，如图 14-30 所示。

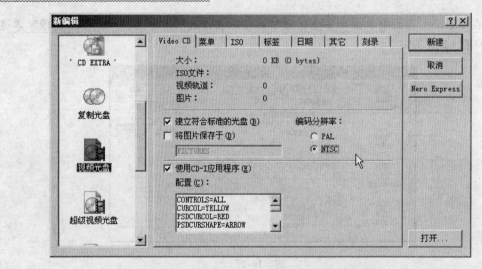

图　14-30

② 在图 14-30 中单击"菜单"标签，在该选项卡中选择"启动菜单"复选框，如图 14-31 所示。　■ 本步中，如果选中"预览首页"复选框，可在设置过程中预览效果。

③ 将要制作 VCD 的文件拖动到此窗口，单击 （刻录）按钮，在弹出的"刻录编译"对话框中输入光盘名称，然后单击 按钮，进行刻录。

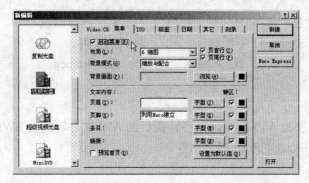

图 14-31

课堂练习

（1）使用 vid2flash 将视频文件转换为 SWF 文件。

【提示】首先打开 vid2flash 的界面，然后在其中添加视频文件，添加完成后单击 转换 按钮，即可对其进行转换，转换完成后预览其效果。

（2）本练习使用"图像转换专家"将 *.jpg 格式的图片批量转换为 *.bmp 格式。

【提示】打开"图像格式转换专家"后，单击 添加图片文件夹 按钮，添加图片所在的文件夹，添加完成后，单击 转换开始 按钮，即可转换。

知识拓展

在使用 Nero Burning Row 刻录光盘时，还有一些问题需要注意，下面进行讲解。

Nero Burning Row 刻录光盘应注意什么？

光盘容量一般在 650～700MB 之间，虽然 Nero Burning Row 能够超刻光盘，但是要刻录的文件也不能远大于光盘的容量，否则将不能刻录。

课后练习

1．填空题

（1）在 Magic Swf2Avi 界面左侧单击_____按钮，可添加多个 SWF 文件所在的文件夹。

（2）一般情况下，动画每秒播放的帧速为_____帧。

（3）RealPorducer 不仅能够转换多种视频文件，而且还有_____的功能。

2．选择题

（1）在 Swf2Avi 中，若单击 Swf背景 按钮，将弹出"颜色"对话框，在该对话框中可修改所添加 SWF 的_____。

A．背景颜色   B．前景颜色   C．内部颜色   D．外部颜色

（2）RealProducer Plus 11 不能转换_____格式的文件。

A．*.avi   B．*.mov   C．*.mpeg   D．*.rm

3．操作题

（1）将 SWF 转换为 AVI 格式，再将转换后的 AVI 文件转换为 SWF 格式。

（2）使用 Nero Burning Rom 刻录光盘。

项目十五　系统优化与安全工具

任务一　使用"优化大师"对计算机的安全性能进行优化

任务说明

    本任务使用"优化大师"对计算机的安全性能进行优化，并清理计算机中的垃圾文件和注册表中的冗余信息。

操作步骤

1．用"优化大师"对系统安全进行优化

    ① 启动"优化大师"。执行"开始"→"程序"→"Windows 优化大师"→"Windows 优化大师"命令，将其启动。

    ② 选择进行优化的选项。单击"优化大师"窗口左侧"系统性能优化"选项组中的"系统安全优化"选项，然后在其右侧列表中选择要进行安全设置的选项，如图 15-1 所示，接着单击 优化 按钮即可。

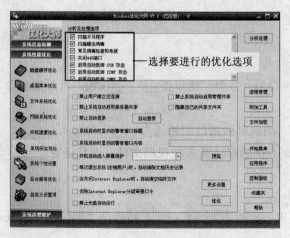

图　15-1

2. 系统清理维护

（1）用"优化大师"清理注册表中的冗余信息。

① 选择注册表中的冗余信息。在优化大师左侧列表中选择"系统清理维护"选项组中的"注册信息清理"选项，然后在右侧窗口中选择冗余信息，如图 15-2 所示。■ 本步中，若应用程序删除，而没有删除注册表中的相关信息，日积月累，不仅影响注册表的存取效率，还将导致系统整体性能的降低。

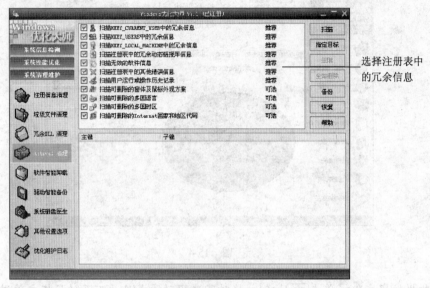

选择注册表中的冗余信息

图 15-2

② 扫描冗余信息。单击 扫描 按钮，将自动扫描冗余信息，冗余信息将出现在优化大师右侧下方的窗口中，如图 15-3 所示。

扫描后，列出的冗余信息

图 15-3

③ 删除冗余信息。单击[全部删除]按钮，将冗余信息全部删除。 ■ 本步中，选中冗余信息列表中要删除的冗余信息，然后单击[删除]按钮，即可删除选中的冗余信息。

（2）用"优化大师"清理计算机中的垃圾文件。

① 进入垃圾文件清理。选择"系统清理维护"选项组中的"垃圾文件清理"选项，然后在右侧窗口中选择要进行清理的驱动器或目录，如图15-4所示。

图 15-4

② 扫描垃圾文件。单击[扫描]按钮，将对所选驱动器或目录下面的垃圾文件进行扫描，扫描完成后，将在"扫描结果"选项卡中列出垃圾文件，如图15-5所示。

图 15-5

③ 删除垃圾文件。单击 全部删除 按钮，将垃圾文件全部删除。 ■ 本步中，在删除垃圾文件前，首先应将其他应用程序关闭。

任务二 使用"超级兔子"优化系统

任务说明

本任务使用"超级兔子"优化系统及软件、清理文件、注册表、痕迹、IE 记录。

操作步骤

1. 用"超级兔子"优化系统及软件

① 自动优化系统及软件。在如图 15-6 所示的界面中单击"超级兔子优化王"选项，弹出如图 15-7 所示的对话框。

图 15-6

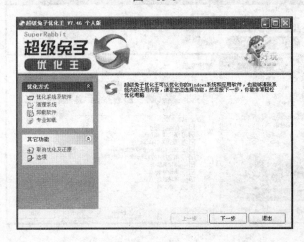

图 15-7

163

② 在图 15-7 所示的对话框左侧的列表中选择"优化系统及软件"选项，然后在其右侧窗口中单击"自动优化"标签，在该选项卡下面的列表中选择进行优化的选项，如图 15-8 所示。

图 15-8

③ 单击 下一步 按钮，即可进行优化，优化完成后，单击 完成 按钮即可。

2. 用"超级兔子"清理系统

① 在图 15-7 中选择"清理系统"选项，然后在其右侧窗口中单击"清理系统"标签，接着在该选项卡中选择要清理的选项，如图 15-9 所示。

② 单击 下一步 按钮，系统将搜索垃圾文件，搜索完成后，单击 清除 按钮，将垃圾文件删除。然后单击 完成 按钮，将进入"清理注册表"的界面，按照上述方法即可清理注册表。依此类推，直至"清理 IE 记录"完成后，单击 退出 按钮，返回到图 15-6 所示的主界面，在该界面中单击 退出 按钮，退出"超级兔子"。

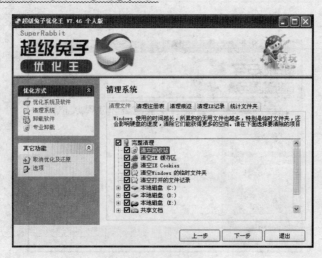

图 15-9

任务三　使用"金山毒霸"对计算机进行安全检查

任务说明

　　本任务使用"金山毒霸"对计算机进行安全检查，对计算机进行全面查杀病毒，也可以对单个文件进行查杀病毒。

操作步骤

1. 全面查杀计算机病毒

　　① 打开"金山毒霸"主程序后，在图 15-10 中单击"快捷方式"选项卡中的"全面杀毒"按钮，弹出如图 15-11 所示的查毒界面。

图　15-10

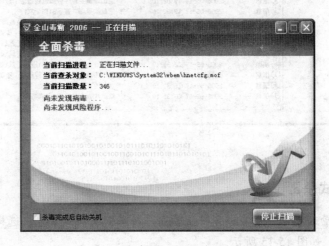

图　15-11

② 进行全面杀毒后，若计算机中存在病毒，则弹出如图 15-12 所示的对话框，在该对话框中"感染"选项后面显示数字 1，表示计算机中有一个文件带有病毒。 ■ 本步中，若计算机中没有病毒，则在图 15-13 中显示的数字全部为 0。

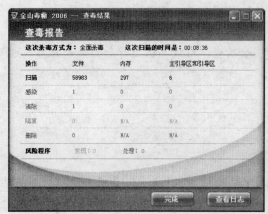

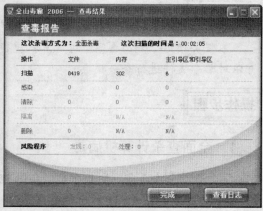

图 15-12   图 15-13

③ 全面杀毒后，金山毒霸将自动删除带有病毒的文件。若要查看病毒的信息，可在图 15-12 中单击 查看日志 按钮，即可查看带有病毒文件的位置，如图 15-14 所示。

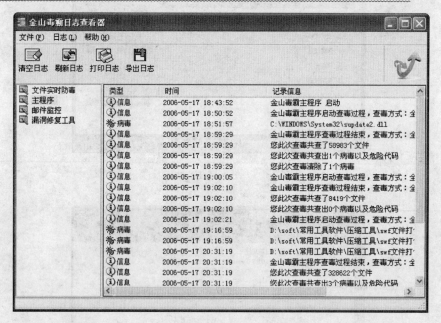

图 15-14

2. 右键方式杀毒

① 打开资源管理器后，在某一文件上右击，在弹出的快捷菜单中选择"使用金山毒霸进行扫描"命令，如图 15-15 所示。

② 扫描完成后，将弹出查毒报告，显示该文件是否感染病毒。

图　15-15

课堂练习

（1）使用"优化大师"清理计算机中的冗余 DLL 文件。

【提示】启动"优化大师"后，在单击左侧的系统清理维护选项下面的"冗余 DLL 清理"命令，选中要进行清理的磁盘，然后单击"分析"按钮，将分析计算机中的冗余 DLL 文件，分析完成后，单击"全部删除"按钮，即可将其删除。

（2）使用"金山毒霸"查杀计算机中的病毒。具体要求是使用"闪电杀毒"方式查杀病毒。

【提示】启动"金山毒霸"后，在其主界面中选择"闪电杀毒"选项，即可进入查毒界面，待扫描完成后，根据扫描结果，可以看出计算机中是否有病毒。

知识拓展

当计算机中有病毒时，可以使用"金山毒霸"进行查杀。此外，"金山毒霸"还可以设置防火墙，预防病毒的侵入，设置防火墙的方法如下。

如何设置"金山毒霸"的防火墙？

在"金山毒霸"主程序中切换至"系统状态"选项卡，启动"文件实时防毒"、"邮件监控"和"网页"安全扫描 3 项，即可对文件、邮件和网页进行病毒防御。

课后练习

1. 填空题

（1）在"优化大师"中，单击_____按钮，将冗余信息全部删除。

（2）在"超级兔子"左侧列表中的"其他功能"选项组中单击_____选项，然后在右侧窗口中选择已经进行优化的内容，单击 下一步 按钮，即可取消优化。

2．选择题

（1）在删除垃圾文件前，首先应将其他应用程序_____。
    A．打开   B．关闭
（2）若要迅速查杀计算机中的病毒，则选择_____选项。
    A．"全面杀毒"   B．"闪电杀毒"   C．"屏保杀毒"   D．"右键杀毒"

3．操作题

（1）使用"超级兔子"对计算机中的垃圾文件进行清理。
（2）使用"金山毒霸"查杀计算机中的病毒。

项目十六　硬盘备份和磁盘分区工具

任务一　使用 Norton Ghost 备份和恢复系统数据

任务说明

本任务使用 Norton Ghost 备份和恢复系统数据。具体要求是先制作 Ghost（即备份系统），然后使用制作的 Ghost 恢复系统数据。

操作步骤

1．使用 Norton Ghost 备份系统文件

① 进入 DOS 模式后，在"C:>\"提示符下进入 Ghost 所在的目录，并启动 Ghost.exe 程序，如图 16-1 所示。 ■ 本步中，Ghost 是一个 DOS 程序，在运行之前，必须先进入 DOS 模式。

② 进入创建镜像文件的窗口，在窗口的左下角是一个主菜单，执行 Local→Partition→To Image 命令，将这个分区中的数据制作成一个镜像文件，如图 16-2 所示。 ■ 本步中，对硬盘数据备份有两种方式，分别为整个硬盘（Disk）备份和分区硬盘（Partition）备份。其中，Disk 表示对整个硬盘备份，Partition 表示单个分区硬盘备份及硬盘检查，Check 表示检查硬盘或备份的文件。

③ 选择源文件所在的驱动器。在如图 16-3 所示的窗口中选择源文件数据所在的驱动器。

④ 选择源文件所在的分区。选中要具体备份的分区，然后在图 16-4 中选择第 1 个选项。

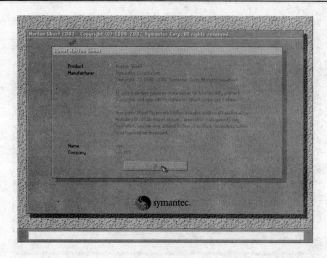

图　16-1

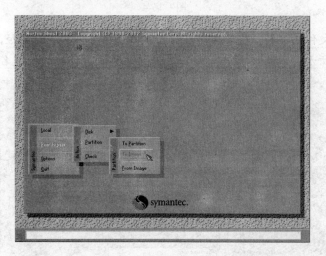

图　16-2

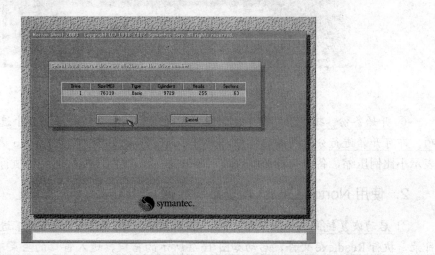

图　16-3

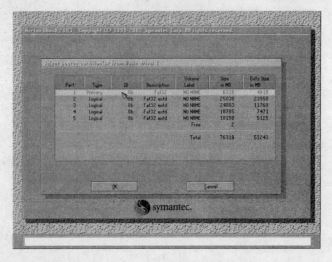

图　16-4

⑤ 设置镜像文件的参数，然后在弹出的窗口中选择备份储存的路径，并输入备份文件名称，如图 16-5 所示。　■ 本步中，备份文件的名称带有.gho 的扩展名。

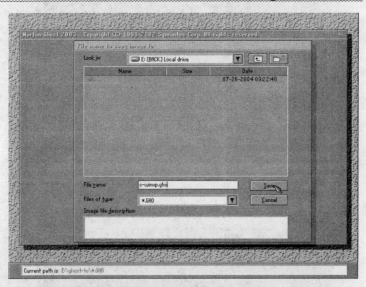

图　16-5

⑥ 开始备份。接下来，程序会询问是否压缩备份数据，并给出三个选择。选择 Yes 选项，即可开始进行分区硬盘的备份，如图 16-6 所示。　■ 本步中，No 表示不压缩，Fast 表示小比例压缩，备份执行速度较快，High 表示高比例压缩，但备份执行速度较慢。

2. 使用 Norton Ghost 恢复系统数据。

① 启动恢复镜像文件的菜单。进入 DOS 模式，在 "C:>\" 提示符下进入 Ghost 所在的目录，执行 Read.exe 文件，启动如图 16-2 所示的窗口，进入窗口的主菜单，执行 Local→Partion→From Image 命令，开始进行系统恢复。　■ 本步中，还原操作与备份操作正好是

相反的过程。

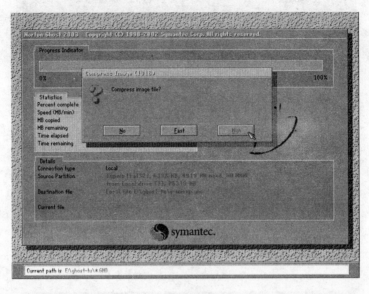

图 16-6

② 选择需要进行恢复的镜像文件。进行恢复操作之前，应该选择数据的来源，也就是在前面创建好的 GHO 镜像文件，如图 16-7 所示。镜像文件选择完毕后，单击窗口中的 Open 按钮，进入下一步的操作。

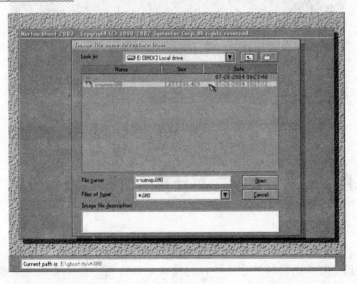

图 16-7

③ 选择目标分区。在窗口中选择目标分区所在的驱动器，驱动器选择完毕后进入下一个设置窗口，如图 16-8 所示。在该窗口中选择目标分区，这里选取 C 盘。 ■ 本步中，一般情况下，个人计算机中仅存在一个物理磁盘驱动器，直接选择即可。

④ 确认恢复操作。在如图 16-9 所示的对话框中选择 Yes 选项，即可恢复。

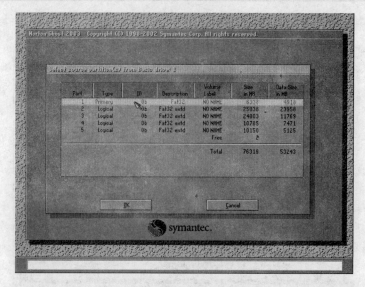

图 16-8

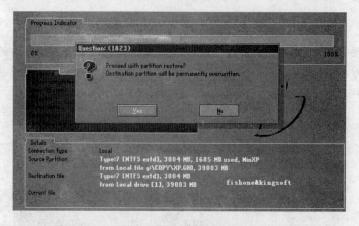

图 16-9

任务二　使用"魔术分区师"对计算机的硬盘进行分区

任务说明

　　本任务使用"魔术分区师"对计算机的硬盘进行分区。具体要求是先创建硬盘分区，然后对计算机的硬盘进行重新分区。

操作步骤

1. 使用"魔术分区师"创建硬盘分区

　① 启动"魔术分区师"后，选择需要创建硬盘分区的硬盘列表项，然后单击界面中的

"创建一个分区"图标,弹出如图 16-10 所示的界面。

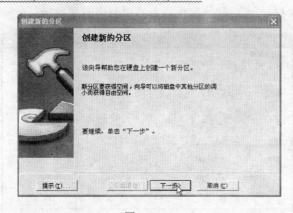

图 16-10

② 在图 16-10 中单击 下一步 按钮,弹出如图 16-11 所示的界面。在该界面中提供了选择新创建分区的位置。例如,这里选择"在 H:WORK 之后"。

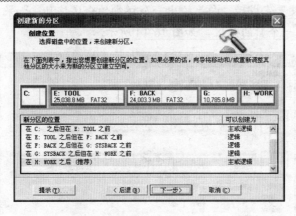

图 16-11

③ 在图 16-11 中单击 下一步 按钮,弹出如图 16-12 所示的界面,该界面中给出各个分区的已用和可用空间以供分配,在已有分区列表中选择可以为新分区提供空间的分区。这里选择"在 H:WORK",单击 下一步 按钮。

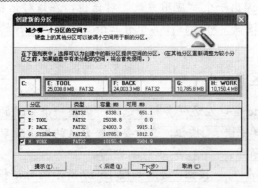

图 16-12

④ 属性设置。这里提供了选择容量、卷标和新分区的其他属性，如图 16-13 所示。设置完成后单击 下一步 按钮。

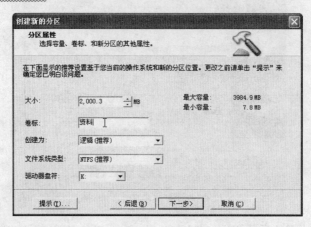

图　16-13

⑤ 确认分区。设置完成后，向导给出一个详细的分区信息，如果这些信息正确，单击 完成 按钮，即可创建一个新的分区，如图 16-14 所示。

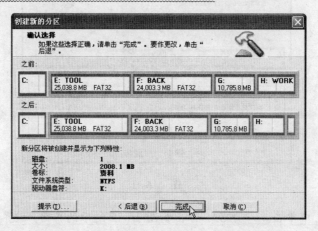

图　16-14

⑥ 单击 应用 按钮，弹出一个 "应用更改" 对话框，在该对话框中选择 "是"，即可开始调整。此时会弹出 "过程" 对话框，其中有三个显示操作过程的进度条，完成后重新启动计算机即可。

2. 调整已有分区的大小

① 在 Partition Magic 窗口左边任务栏中选择 "调整一个分区的容量" 选项，弹出 "调整分区的容量" 向导，单击 下一步 按钮，选择要调整分区的硬盘驱动器，然后选择要调整容量的分区，如图 16-15 所示。

② 在图 16-16 中单击 下一步 按钮，进入如图 16-17 所示的对话框，在该对话框中选择要减少哪一个分区的容量来补充给所调整的分区，然后单击 完成 按钮即可。

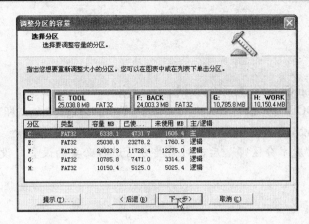

图 16-15

图 16-16

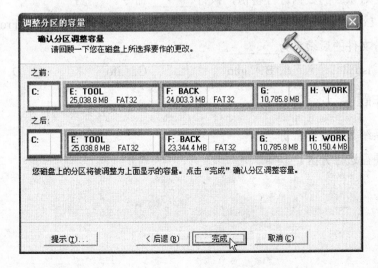

图 16-17

课堂练习

（1）使用 Norton Ghost 恢复系统数据。

【提示】进入 DOS 后，执行 Local→Partition→From Image 命令，即可恢复系统数据。

（2）使用"魔术分区师"对硬盘进行分区。

【提示】启动"魔术分区师"后，对需要分区进行必要的设置，设置完成后即可对硬盘分区。

知识拓展

在使用 Ghost 对系统中的数据备份和恢复时，还应注意以下几点。

使用 Ghost 的注意事项是什么？

在备份系统数据文件时，一般不能将文件放在系统盘中，计算机一般是以 C 盘作为系统盘，所以数据备份后不能将其放在 C 盘。

课后练习

1．填空题

（1）Ghost 是一个_____程序，在运行之前，必须先进入 DOS 模式。

（2）Disk 表示对整个_____备份，Partition 表示单个分区硬盘备份以及硬盘检查，Check 表示检查硬盘或备份的文件。

2．选择题

（1）若要对系统的数据进行备份，执行_____命令。

    A．Local→Partition→To Image   B．Local→Partition→From Image

（2）备份文件的后缀名为_____。

    A．.iso   B．.gho   C．.ifo   D．.os

3．操作题

（1）对系统数据进行备份。

（2）对硬盘进行分区。

模块七　其　他　工　具

本模块要点

- 使用 Adobe Reader 阅读 *.pdf 格式文件
- 使用"超星阅览器"阅读 *.pdg 格式文件
- 使用"虚拟光碟总管"制作虚拟光驱

项目十七　阅读工具和虚拟光驱工具

任务一　使用 Adobe Reader 阅读 PDF 文件

任务说明

本任务主要学习使用 Adobe Reader 阅读 *.pdf 格式的文件，如图 17-1 所示。

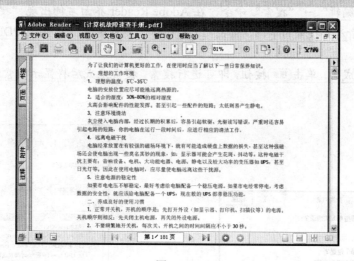

图　17-1

操作步骤

1. 在 Adobe Reader 中阅读 *.pdf 格式的文件

① 启动 Adobe Reader。执行"开始"→"程序"→Adobe Reader 7.0 命令，将其启动。

② 启动后，在其界面的工具栏上单击 📄（打开）按钮或执行"文件"→"打开" 命

令，弹出如图 17-2 所示的"打开"对话框。在该对话框中选择一个*.pdf 格式的文件，单击打开按钮，即可将其打开，打开后的效果如图 17-1 所示。 ■ 本步中，若要放大显示 PDF 文件中的内容，则单击 ⊕（放大）按钮；反之，若要缩小显示其中的内容，则单击 ⊖（缩小）按钮。将鼠标指针置于所显示的内容上，当鼠标指针变为"🖐"形状时，在 Adobe Reader 的界面中向上拖动鼠标，可将页面向上移动；反之，若在 Adobe Reader 界面中向下拖动鼠标，可将页面向下移动。

图 17-2

2．在 Adobe Reader 中搜索名为"CPU"的单词

① 执行"编辑"→"搜索"命令，在 Adobe Reader 界面右侧出现"搜索 PDF"面板，在该面板下方输入要搜索的单词，如图 17-3 所示，然后选择"在当前 PDF 文档中"单选按钮。

② 设置完成后，单击搜索按钮，即可进行搜索，搜索完成后将显示搜索结果，如图 17-4 所示。

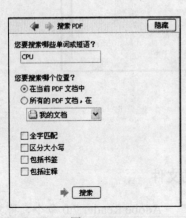

图 17-3

图 17-4

任务二 使用"超星阅览器"阅读 PDG 文件

任务说明

本任务使用"超星阅览器"阅读*.pdg 格式的文件，如图 17-5 所示。

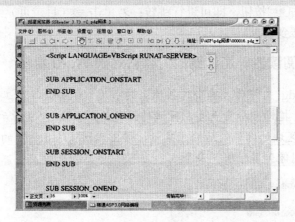

图 17-5

操作步骤

1. 在"超星阅读器"中阅读*.pdg 格式的文件

① 启动超星阅读器。执行"开始"→"程序"→"超星数字图书馆"→"超星阅读器"命令，将其启动。

② 启动后执行"文件"→"打开"命令，弹出如图 17-6 所示的对话框，在该对话框中单击 浏览 按钮，弹出如图 17-7 所示的对话框。

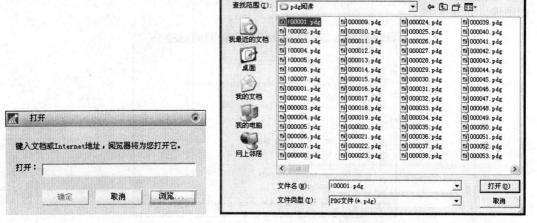

图 17-6   图 17-7

③ 在图 17-7 中选择一个要阅读的文件，单击 打开 按钮，即可将其打开，如图 17-5 所示。■ 本步中，单击 ⬆ 按钮，可向上翻页，单击 ⬇ 按钮，可向下翻页；将鼠标指针置于"超星阅读器"的页面上，当鼠标指针变成"👋"形状时，在页面上单击并向上拖动，页面将向上移动；反之，若单击并向下拖动，则页面向下移动；单击工具栏上的 ⬚ （到指定页）按钮，弹出如图 17-8 所示的对话框，在该对话框中输入要跳转到的页码，然后单击 确定 按钮，即可进行跳转；若单击 ⬚ （目录页）按钮，则可直接跳转到目录。

图　17-8

2. 将"超星阅读器"阅读到的内容粘贴到 Word 中

① 打开一个 *.pdg 文件后，单击工具栏上的 ⬚ （"区域选择"工具）按钮，在要复制区域的左上角单击，拖动鼠标直至复制区域的结尾处，如图 17-9 所示。

② 拖动到复制区域的结尾处后松开鼠标，弹出如图 17-10 所示的快捷菜单，在该快捷菜单中选择"复制图像到剪贴板"命令。

图　17-9

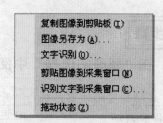

图　17-10

③ 打开 Word，然后按组合键 Ctrl + V 或执行"编辑"→"粘贴"命令，将剪贴板中的内容复制到 Word 文档中，如图 17-11 所示。■ 本步中，复制到 Word 中的内容是一幅图像，并非文字。

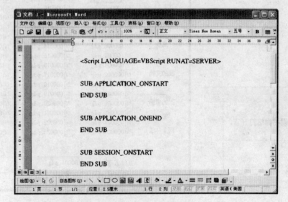

图　17-11

任务三　使用"虚拟光碟总管"创建虚拟光驱

任务说明

　　本任务使用"虚拟光碟总管"创建虚拟光驱,效果如图 17-12 所示。具体要求是从硬盘中选择文件,创建虚拟光驱。

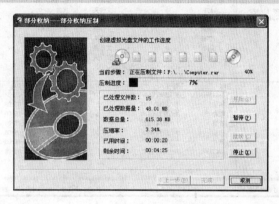

图　17-12

操作步骤

　　① 启动"虚拟光碟总管"。执行"开始"→"程序"→"虚拟光碟"→"虚拟光碟总管"命令,启动"虚拟光碟总管"。

　　② 启动后,在其界面的工具栏中单击 部分收纳 按钮,或执行"文件"→"部分收纳"命令,弹出如图 17-13 所示的对话框,在该对话框的左侧列表中,选择要制作成虚拟光驱文件所在的路径。

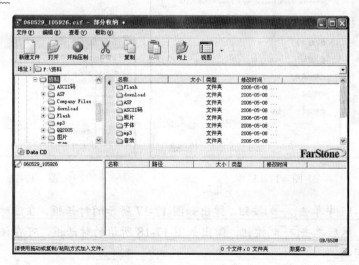

图　17-13

181

③ 在图 7-13 中，将右侧上方列表中需要制作成虚拟光驱的文件拖到下方列表中，如图 17-14 所示。

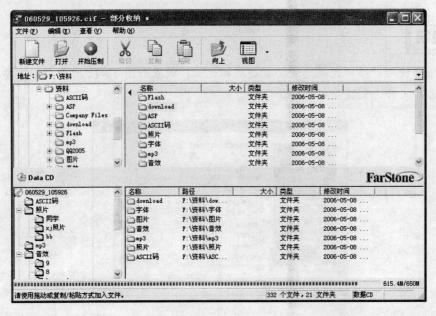

图 17-14

④ 选择需制作成虚拟光驱的文件后，单击工具栏上的 开始压缩 按钮，弹出如图 17-15 所示的对话框，在该对话框中单击 按钮，弹出如图 17-16 所示的对话框，在该对话框中选择虚拟光驱文件保存的路径，然后输入保存的文件名，单击 保存 按钮，即可将虚拟光驱文件保存。

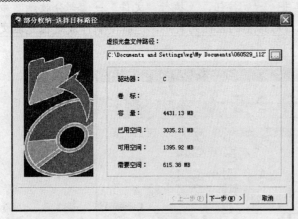

图 17-15

图 17-16

⑤ 在图 17-15 中单击 下一步 按钮，弹出如图 17-17 所示的对话框，在该对话框中按照默认的选项设置，然后单击 下一步 按钮，弹出如图 17-18 所示的对话框，可在该对话框中输入作者的名字和密码。

⑥ 输入完成后，单击 下一步 按钮，显示系统信息和虚拟光驱信息，如图 17-19 所示。

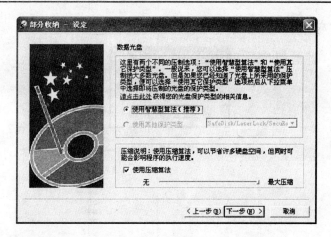

图　17-17

图　17-18

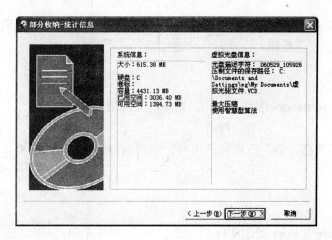

图　17-19

⑦ 在图 17-19 中，单击 下一步 按钮，即可创建虚拟光驱，创建过程如图 17-12 所示，创

建完成后将弹出"成功压制虚拟光盘"的信息提示，如图 17-20 所示。

图　17-20

课堂练习

（1）使用 Adobe Reader 阅读*.pdf 格式的文件。

【提示】打开 Adobe Reader 后，执行"文件"→"打开"命令，在"打开"对话框中打开要阅读的文件即可。

（2）在任务三的基础上，将制作完成后的虚拟光碟打开。

【提示】在制作完成后的虚拟光碟文件上右击，在弹出的快捷菜单中执行"插入"→"虚拟光碟"→"无光碟"命令，然后在弹出的对话框中输入设置的密码，单击 确定 按钮弹出光驱的询问对话框，在该对话框中选择"打开文件夹以查看文件"选项，然后单击 确定 按钮即可打开虚拟光碟中的文件。

课后练习

1．填空题

（1）*.pdf 格式的文件使用_____工具进行阅读；*.pdg 格式的文件使用_____工具进行阅读。

（2）若要放大显示 PDF 文件中的内容，单击_____按钮；反之，若要缩小显示其中的内容，则单击_____按钮。

2．选择题

（1）若在 Adobe Reader 中搜索单词，可执行"编辑"→"_____"命令。
    A．查找   B．搜索   C．选择   D．查找下一个

（2）使用"超星阅读器"将选择的内容复制到 Word 中，该内容是_____。
    A．图像   B．文字   C．段落   D．符号

3．操作题

（1）使用 Adobe Reader 阅读文件。

（2）创建虚拟光驱。